国家"十一五"重点规划图书——当代生态经济译库(四)

增 长 与 发 展

——生态系统现象学

Robert E. Ulanowicz　著

黄茹莉　译

徐中民　校

黄河水利出版社

图书在版编目(CIP)数据

增长与发展:生态系统现象学/(美)罗伯特(Ulanowicz,R.)
著;黄茄莉译. —郑州:黄河水利出版社,2010.11
书名原文:Growth and Development – Ecosystems Phenomenology
ISBN 978 – 7 – 80734 – 932 – 7

Ⅰ.增…　Ⅱ.①罗…　②黄…　Ⅲ.①生态系统 – 现象学
Ⅳ.①Q147

中国版本图书馆 CIP 数据核字(2010)第 223187 号

First edition 1986
ISBN:0 – 595 – 00145 – 9

出　版　社:黄河水利出版社
　　　　　地址:河南省郑州市顺河路黄委会综合楼 14 层　　　邮政编码:450003
发行单位:黄河水利出版社
　　　　　发行部电话:0371 – 66026940、66020550、66028024、66022620(传真)
　　　　　E-mail:hhslcbs@ 126. com
承印单位:河南省瑞光印务股份有限公司印刷
开本:787 mm ×1 092 mm　1/16
印张:10.25
字数:234 千字　　　　　　　　　　　印数:1—1 000
版次:2010 年 11 月第 1 版　　　　　　印次:2010 年 11 月第 1 次印刷
定价:35.00 元
著作权合同登记号:图字 16 – 2010 – 150

出版前言

当人类跨入 21 世纪的时候,科学研究的方式发生了很大的变化,已经进入了多学科交叉和团队协作研究来解决全球性重大问题(如全球变暖、生物多样性损失、环境污染、水土流失等)的新时代。生态经济学作为一门倡导从最广泛的角度来理解生态系统与经济系统之间复杂关系的新兴交叉学科,最近十多年来得到了迅速的发展,其在可持续发展的定量衡量、环境政策和管理、生态系统服务评价、生态系统健康与人类健康、资源的可持续利用、集成评价和模拟、生活质量及财富和资源的分配等方面的研究取得了突破性进展,对理解和解决环境问题做出了巨大的贡献。

个人能否成才通常取决于智商、情商、健商和机遇等许多因素,其中健商最为重要,"一个人做对的事情比做对事情更重要"指的就是一个人要有健商。一门学科的发展与此有许多相似之处。我国西北地区经济发展落后,生态与环境脆弱,从生态经济的角度来理解环境问题的病因、探询生态系统与经济系统和谐发展的机制、找寻积极而有效的行动对策措施,无疑是正确的方向。在知识创新和文化创新的背景下,中国科学院寒区旱区环境与工程研究所与兰州大学、西北师范大学等高等院校的一批对生态经济问题有浓厚兴趣的青年科研人员自发组织成立了一个学习型生态经济研究小组。该团队以五项修炼(自我超越,改善心智模式,建立共同愿景,团体学习和系统思考)为加强自身个人修养的要旨,目标是为解决西北地区突出的生态经济问题做出自己的贡献。这说明生态经济学科在西北的发展已经具备"智商"、"情商"和"健商"的基础,所缺的只是"机遇"。在西部做事比东部难、机遇少是当前不争的事实,但要认识到机遇只垂青于有准备的头脑,我们需要创造条件,等待机会。切莫在机遇来时,因自身条件限制而不能抓住,空悲叹。

如何创造条件?科研有它自己的规律,讲求厚积而薄发,"十年铸一剑"。任何学科的进步,都是靠一代又一代人的积累。没有旧知识的积累,就不会有新知识的拓展。对我国生态经济的发展而言,现阶段的任务主要是学习国际上的"开山斧法"。由于我国目前生态经济学科发展与国际前沿存在较大差距,要想顺利通过面前的"文献山",跟上国际前沿,找到国际上生态经济研究的"开山斧"著作,并将它翻译介绍进国内,是一种很好的厚积斧头的方式。

当然我们不能仅满足于掌握国际上的"开山斧法",我们的最终目的是拥有自己的"开山斧法",也就是要做出自己的创新成果。从现阶段的实际情况来看,要开创自己的"开山斧法"困难重重,但只要大家能静下心来,好好演练国际上生态经济研究的"开山斧法",并以十年铸一剑的毅力和勇气,持之以恒,在不久的将来定能拥有自己的"开山斧法"。

希望通过大家坚持不懈的努力,在不久的将来能在研究范围、研究内容、研究方法和手段等方面跟上世界生态经济研究的前沿,甚至能在一些方面结出自己的思想之果,引领风骚。

　　春风拂柳,拂昔追远,迎着朝辉,充满希望。

　　我和大家一起瞻望中国生态经济研究的未来!

2006 年 10 月 16 日

A Preface to the Chinese Edition
of Growth and Development: Ecosystems Phenomenology

Almost a quarter century ago, I became convinced that the dynamics of ecosystem change was not determined by the universal laws of physics, as most in science assume. Not that I see universal laws as necessarily violated, but simply that they under – determine what we observe in complex systems. I came to this conclusion by studying, in phenomenological fashion, changes in networks of flows among the constituent species of an ecosystem. Since that time, the subject of networks has become a very popular subject in many leading scientific journals. The period of ca. 1998 – 2004, especially, saw a burst of publications about networks.

Unfortunately, almost all of this new literature on networks regards the subject through the lens of conventional science. Different classes of network topologies are related to various physical circumstances in the search for the key mechanisms that account for the various configurations. What everyone seems to be missing is that networks are not the simple tokens of scientific research as, say, mechanism, matter or energy. This was made clear one day when a colleague said to me, "Networks are determinate structures." "Not so!" I replied emphatically. Networks are admixtures of constraint and indeterminacy. In general, if one is at a particular node in a network, one is constrained during the next time step to moving only to a small subset of all other the nodes. At the same time, it is usually not determined which of the allowable moves will ensue. Thus, movement through the network involves a combination of both constraint and indeterminacy.

The existence of inherent ambiguity distinguishes network dynamics from conventional, Newtonian – like science, where universal laws determine subsequent movements. In Western science, at least, determinism has been ascendant; flexibility has been considered either non – existent or was ignored. This focus on determinism at the expense of all else is called positivism, and it characterizes most of modern science.

Newton and subsequent theoreticians have developed very effective tools for quantifying deterministic constraints. There are far fewer means for quantifying flexibility, however, and most of those bear little mathematical resemblance to the quantitative descriptions of universal laws. The one shining exception is information theory – – not the standard theory of communication, but its accompanying calculus of logarithms that can be applied to networks to quantify that which is missing or incomplete (its flexibility). A similar mathematical form can describe the complementary amount of constraint at work in the network. As a result, the inherent admixture of constraint and flexibility in any network can be parsed out into two separate terms (called ascendency and overhead, respectively) that quantify the balance between constraint and flexibility.

Unfortunately, this departure from strict positivism has not been appreciated by most network investigators. It is for this reason that this translation of Growth and Development into the Chinese language may take on significant importance: Unlike with Western science, where positivism has always been the rule, a familiar theme in Eastern philosophy has been the conversation, or dance between that which is and that which is not – the Yan and the Yin of existence. The network representing any complex system must possess sufficient structure and constraint (Yan) to undergo self – organization. But its persistence, or sustainability depends critically on its remaining flexibility (Yin), without which it would quickly succumb to perturbations from its environment.

Whence, the behavior of complex systems cannot be portrayed as "matter moving according to universal laws", as has been the project of Enlightenment science. Rather, what we see in complex systems is the outcome of a "conversation" between opposite attributes of those ensembles – that which is explicitly expressed (ascendency) and that which is held in reserve (overhead). The foundations for this radical departure from science – as – usual are laid out in this volume.

There is yet another regard in which this book remains relevant almost 25 years after its publication. The overwhelming majority of articles on networks that have appeared in the last dozen or so years have treated either simple, undirected graphs or directed graphs, but not graphs wherein each link is associated with a specific magnitude or weighting. The treatment of networks in this book deals entirely with such "weighted digraphs". The conventional wisdom holds that weighted digraphs are uninteresting, because they are only particular tokens of the more general class of unweighted graphs. In fact, the exact opposite is true: The most general form of a network is the weighted digraph. Unweighted networks are degenerate forms of their more elaborated, weighted counterparts. Any result or formula derived for weighted networks can be applied to their unweighted versions in corollary fashion simply by setting all the magnitudes equal.

Finally, I would like to express my sincere appreciation to Dr. Xu zhongmin and Mr. Huang jiali for the considerable labor and enthusiasm they expended in translating this book. I was surprised by the number of errors that they uncovered in the course of their translation and was impressed by the precision and thoroughness with which they checked the text and the examples. I am most grateful for their commitment, and it is my hope that when the reader has finished the text, he/she will be thankful to them as well.

Robert E. Ulanowicz
Gainesville, Florida, USA
June 23, 2010

中 文 版 序

　　系统的动态变化是由普遍的物理规律决定的,大多数科研工作者都认为这是理所当然的事情。大约 25 年前,我开始笃信生态系统的动态变化并不是由普遍的物理规律决定的。有这样的想法,并不是我发现了违反普遍规律的现象。原因很简单,是因为这些普遍规律并不能充分解释复杂系统中的现象。通过采用现象学的研究方法研究生态系统中物种组成的流量网络的变化,我证实了自己的想法。从那时起,网络成了许多重要科学期刊上非常流行的主题,1998 – 2004 年间甚至出现了一段爆发期。

　　遗憾的是,差不多所有以网络为主题的文献都是从传统科学的角度来分析网络的。人们将不同的网络拓扑类型和不同的自然环境联系在一起,探索解释不同结构的关键机制。然而这样做似乎并未察觉网络不只是研究物质或能量运行机制的工具。经常会有人对我说"网络是确定的结构",这就是很好的证明。对此我会断然否定,网络是约束和不确定性的一个混合体。针对网络中某个结点中的介质而言,由于受到约束,在下一时刻介质只可能向其余结点中的某些结点运动。介质最终会移向哪些结点? 通常并不能确定。因此,网络中介质的运动同时包含了约束和不确定性。

　　传统科学认为普通规律决定了物体以后的运动,网络中固有的不确定性将网络动力学与这类传统的、似牛顿的科学体系区分开来。至少在西方科学中,决定论是占主导地位的;适应性要么被忽视,要么认为根本不存在。这种忽视其他因素而强调决定论的做法称为实证主义,大多数现代科学都具有这样的特征。

　　量化确定的约束,牛顿及后来的理论研究者开发出了非常有效的方法。然而,量化适应性的方法却非常少。通常,描述适应性和普遍规律的数学形式非常不同。信息论是个例外,并非因为信息论是权威的通信理论,而是因为它采用的对数运算方法可用于网络中来量化忽视的或不完整的部分(网络的适应性)。相似的数学形式还可以描述与适应性互补的网络约束。因此,网络这种约束和适应性的混合体就可以分解为上升性和杂项开支两项,用来量化约束和适应性之间的平衡。

　　令人惋惜的是,这种偏离严格实证主义的做法并没有引起大多数网络研究者的重视。正因为如此,《增长与发展》一书译成中文意义重大。西方科学通常以实证主义为准则,而东方哲学与之不同,经常讨论是与非之间的相互转化——阴阳的相生相克。代表任何复杂系统的网络必须拥有充分的结构和约束(阳)来形成自组织。然而,网络的持久性或可持续性关键取决于余下的适应性(阴),缺乏适应性的网络很容易被环境中发生的扰动主导。

　　启蒙运动时期,复杂系统的行为被描述成"根据普遍规律发生的物质运动"。显然,不应该如此。明确表达的上升性和储藏的杂项开支是系统整体所具有的两种对立属性,复杂系统产生的现象是这两种对立属性相互作用的结果。本书充分展示了这种背离常规科学的基本原理。

　　本书出版 25 年后,仍有一个与之有关的问题值得关注。过去 10 多年,绝大多数网络方面的论文都只研究简单的无向图或有向图,而没有研究网络链接被赋予了特定数值或权重的图。本书研究的网络均为"权重图"。传统的观点认为研究权重图意义不大,因为它只是一般无向图的特殊情况。实际上该观点的逆命题同样成立:网络最一般的形式是权重图。无权重网络是描述更详细的权重图的退化形式。实际上,很容易将从权重网络中推出的结果或公式用于对应的非权重网络,只需假定权重相等即可。

　　最后,我对本书的译校者表示衷心的感谢。徐中民博士和黄茹莉博士一直关注我的工作,翻译本书他们付出了艰辛的劳动。在翻译过程中,他们发现了原著中的许多错误,而且非常严谨地检验了书中的文字和算例。我非常感激他们付出的努力。希望读者读完本书后会有同样的感受。

Robert E. Ulanowicz

Gainesville, Florida, USA

June 23, 2010

译序

作为从事生态经济研究的中国科学院的普通科研工作者,我们接受了国家对我们 22 年的正规培育。鸦有反哺义,羊有跪乳恩,一个人总要做点什么回报社会吧。在当前的社会形势下,作为科研工作者怎样回报社会呢?我们觉得主要有两种途径:一是搞出高水平的科研成果;二是引进一些国外的新理论和新方法,让周围的人革新观念。提出自己的理论和假说,"一朝成名天下知"当然是我们梦寐以求的事情。然而有心无力,一旦堕入交叉科学知识密布的网中,只能茫茫如堕烟雾,瞠目结舌不能语。创造不行,能做的事情也就是引进一些国外的新理论和新方法。当然,引进国外的新理论和新方法绝不是委曲求全的无奈之举。这样逐渐的积累为搞出高水平的科研成果提供了可能,这是显而易见的。

10 年前,Ulanowicz 就送给了我们关于他论述增长与发展方面的两部著作。怎么到这时候才翻译出来,是"睫在眼前长不见",还是 Ulanowicz 的书本身没有什么吸引力?两者都不是,是我们的能力问题。断断续续加起来,译者和校者阅读这本书的时间已有 16 年,并就这一主题发表过很多文章。今天能让它与读者见面,我们颇费了一番周折,但收获颇丰。在交付出版的时候,我们感到自己的能力提高了许多,对世事的认识也更清楚了一些。

增长与发展原本是分开描述的两个系统整体属性,Ulanowicz 提出的最优上升性原理将其定量地统一在一起。同时,最优上升性原理可以将不同的现象描述假说统一在一起。目前学科发展流行统一的趋势,如地理学尝试统一自然地理、人文地理;可持续发展研究尝试将人文因素和自然因素在历史时间尺度上统一起来;文化理论尝试将二元的文化和社会结构从多元的角度统一起来。在译校者的知识范围内,最优上升性原理可以为这些学科内部知识的统一提供理论基础。更重要的是,最优上升性原理统一机制背后是一种不偏不倚的科学态度,这与我国传统的中庸之道是一致的。"草色人心相与闲,是非名利有无间",如果能有这样的心态来从事科学研究,就绝不会埋怨坐冷板凳,更多的是看到书中的黄金屋、千钟粟。

本书的出版得到国家自然基金项目"黑河流域生态补偿研究"(No. 40971291)、国家自然科学青年基金项目"基于文化理论的水资源管理模拟优化研究"(No. 40901292)、国家自然基金项目"1949a 以来山西矿区环境演变下的植被重建研究"(No. 41071335)、中国科学院知识创新工程重要方向项目群"地表过程集成系统研究"第四项目"区域人文过程演化机理与模拟研究"(No. KZCX2 - YW - Q10 - 4 - 03)、中国科学院西部行动计划(二期)项目"黑河流域遥感—地面观测同步试验与综合模拟平台建设"(No. KZCX2 - XB2 - 09)的资助。另外,在校订过程中,Ulanowicz 一直给予热心的指导,耐心地回答我们的问题。这对确保本书的质量功不可没,在此表示感谢。

最优上升性原理是类似热力学定理那样的普适性原理,涉及的知识面广。我们翻译过 5 本译著,具备一定的语言文字处理能力,但在面对如此内涵丰富的主题时仍然经常感到不知所措。因此,书中疏漏肯定比比皆是,我们衷心希望读者能不吝指正。尽管如此,我们仍然认为不管你从事什么专业的研究,阅读本书你都会有所收获。我们衷心希望Ulanowicz 的上升性精灵能与你会心的交流,并把你的喜悦传递给我们,形成正反馈,为我们那没有止境的努力提供激励。

译校者

2010 年 6 月 5 日

序

"这个世界真是荒诞！Ulanowicz 对热力学的乏味评论能与生态学有什么关系呢？"

《美国博物学家》的匿名评审者，1979

"想法要成真需要一个漫长的过程，但首先要有一个想法。"

Walt Kelly，波戈荒诞的 10 年，1959

"听起来很有趣，但好像是空穴来风。"这是我的好朋友 Ray Lassiter 在听我滔滔不绝地介绍完"上升性"这个新概念后的答复。当时的窘态还历历在目，顿口无言了半天才回话："怎么会呢，看样子得写本书介绍一下它是怎么来的。"

工作上的知心朋友都是这样的反应，那些以传统方式看待生物学发展的人会是怎样的反应？这是可想而知的。毕竟，这里提出要量化整个生态系统的增长与发展，而且还认为这种发展并不完全取决于更小尺度上的事件及实体，反过来还可以影响它们的过程和结构。这些在传统生物学家眼里是离经叛道的。

无可否认，上升性是对目前公众完全支持的还原论的最新挑战。和其他提出新概念的人一样，我也对我的情有独钟。上升性是从众所周知的唯象原理中自然演绎而来的。实际上，任何反对绝对的还原论的观点都会引起激烈的争论，等着我的是赞美还是责骂呢！很久才有人回应。

有的人认为它"太抽象"或"虚无缥缈"，极少数人对它进行了猛烈抨击，大部分人是漠不关心。我绞尽胶汁设想新达尔文学说阵营中可能产生的批评，以及面对各种批评时的应对策略。因为质疑期很短，而且大多算得上批评的意见是研究室给出的书面评论，这让我的积极备战显得有点多余。我尽管很热心，但也未能就自己的观点与别人很好地沟通。

我非常清楚为什么很多人对我的想法漠不关心。我的本专业是化学工程学。在上研究生的时候，研究所不重视化学工程的实践，重视的是化学工程的科学原理。因此，大部分时候都在评价那些推动基础学科发展的人的动机和视角。热力学是我们讨论最多的领域，我相信大多数同学在离校时，肯定都非常关心实用的定量分析方法、探究现象的方法和量化整个系统的宏观方法。

相比之下，我现在生物学系的大部分同事从小就推崇分解过程——将整体分解成部分，探索这些组分的性质，并从中寻找变化的原因。我们学习的科目差别悬殊，消化和理解问题的视角也不一样。上升性与我的同事毫不相干，怎么可能引起他们的兴趣呢。看来要让这个想法受到重视，必须撰写这本书。

在写序言的时候,这些最优秀的生物学同事一直在我心头萦绕。本书旨在通俗地介绍上升性概念的理论基础,因此规避了高深的数学知识、省略了繁杂的技术细节或一些晦涩难懂的行话。从引言开始,读者可能会觉得讨论生态系统的增长与发展没有什么意义,但希望读完第 6 章后不会再对上升性的概念感到突兀。确实,要接受现象学的分析视角,生物学家需要改变以前的一些看法,但新的视角并没有新到需要他们放弃原学科整体框架的程度。

我鼓励非生物学的读者了解上升性。增长与发展包含的内容非常广泛,非生物学的读者也会饶有兴致。在各章节中,蕴涵和衍生的一些道理一定能引起下列领域中研究人员的共鸣,如经济学、热力学、控制论、认知学、网络分析、运筹学、流体力学、社会学,甚至可能还有哲学。

工程师和生物学家不同的教育经历确实会阻碍交流,但必须承认也有我自身的问题。现在再看自己早期发表的网络发展方面的论文,发现它们非常肤浅而且含义非常模糊。如果语言表达前后更连贯和一致一些,就不至于让读者感到迷惑不解,或认为方法过于抽象。将所有的概念背景提炼成浅显易懂的文章是一个繁重的学习过程,也是对自我约束能力的一种考验。

真诚地希望几年内对自然系统发展过程的描述能取得长足进展,回头发现本书的工作非常原始。当然,现在我能做的就是描述好发展,希望这能促进那些对增长、发展和生命有不同理解的人相互进行交流。

Robert E. Ulanowicz

致谢

本书能顺利付梓,需要感谢很多朋友和同事。Trevor Platt 是我的良师和益友,是他最直接地促成了本书。记忆中,只有 Trevor 中肯地评论了书中的初步想法,我有幸将这些弥足珍贵的评论收录在 1972 年发表的一篇文章中。几年后,当我为就业选择心烦意乱时,Trevor 为我指明了方向。他将我安排到 SCOR 第 59 工作组工作,并鼓励我能投入更多的时间研究热力学和发展,同时将这个岗位作为展示自我的国际平台。正是在为工作组做基础研究期间,我用现在书中具体的数学公式描述了增长与发展。在至关重要的前几个月,工作组主席 Kenneth Mann 和其他成员给了我很多鼓励和评论,至今回味仍似盛夏喝清凉饮料般沁人心脾。

十月怀胎,方能一朝分娩,这中间是一个漫长、紧张且充满喜悦的过程。在本书的写作过程中,既是好朋友又是合作者的 Alan Goldman 提供了许多非常宝贵的建议。他敏锐的洞察力、深刻的评论、创造性的取舍能力,在我熟悉的人中无出其右者。虽然这里很少引用我们合作的工作成果(这本身就不能作为判断我们合作重要性程度的标准),但需要强调的是跟他合作,我确实受益匪浅。

特别感谢佐治亚州立大学生态研究所的几位朋友。尤其要感谢 Bernard Patten,他不仅不辞辛苦地认真审查了本书的初稿,还将它拿到了他上的高级系统生态学课上讲授。上那门课的学生 Thomas Burns、Lee Graham、Masahiko Higashi 和 Thomas James 等还给了书面评论,在此对他们的支持一并表示感谢。同时要向一直无缘见面的 Eugene Odum 致以特别的敬意。读了他的生态学基础后,我从化学工程转而研究生态学。在唯一的一次通信中,他对综合他关于生态系统发展观测结果的想法给予了高度评价,这坚定了我沿这条"离经叛道"之路继续走下去的信心。

前几年康奈尔大学的 Simon Levin 指导我发表了几篇期刊论文,本书能由 Spring - Verlag 出版,其中也有很多 Simon 的汗水,在此一并表示感谢。

其他同事阅读并评论了部分(很多时候是全部)手稿。Henri Atlan、Albert Cheung、Michael Conrad、Richard Emery、James Kay、Bruce Hannon、Robert May、Ian Morris、Robert O'Neill、Eric Schneider、Janusz Szyrmer 和 Richard Wiegert 挤出大量时间阅读初稿,并提出了很多宝贵的建议,与他们的交流丰富了我的经历、启迪了我的思想。需要说明的是,这里并没有完全采纳他们的建议,因此书中的任何问题都由我个人承担。

我工作的 Chesapeake 生物实验室为本书的出版提供了主要的财政支持。在实验室的预算里没有发展理论的时候,就能开辟空间,任我自由探索,实属难得。能与这么多开明、睿智的领导和同事一起工作,确实非常幸运。在成书期间,实验室还派了能干的助手协助我。Gail Canaday 高超的文字处理技巧使初稿和打字机打出来的一样,热情的 Frances Younger 熟练地完成了图表编辑工作。另外,最后 2 章中的许多想法得到了国家科学基金项目"系统理论与运筹学"(No. ECS – 8110035)的部分资助。

在我个人的备忘录上，该理论的起源可以追溯到 25 年前，那时我还是走读生。父母 Edward 和 Mary 给我提供了思想可以自由驰骋的环境。在此以片纸聊表我对他们的感激之情。

最后要感谢我的家人，没有他们的耐心和支持，很难想象本书这么快就能瓜熟蒂落。其中尤其是妻子 Marijka，整本书都凝聚着她的汗水。她和我一起修订了初稿，帮我润色句法，检验我对观点的解释。有她红袖伴读，使我书屋飘香。我殷切地希望，这本书能把我的爱和感激传递给她。

目　录

1 引言

"…归纳,也许论证的事情并不多于分解分析,但它确实凸现了一些真理。"

亚里士多德

1.1 谜

生命体要增长和发展,这是人类生活的一种基本体验。在根本不知行星或原子为何物的时候,小孩就可以察觉到自身及周围生命体的变化。增长和发展在现实生活中非常容易观察到,是青少年头脑中最先形成的概念之一。

科学就是解释观察到的现象并预测可能发生的事情。连随处可见的增长和发展都不能合理解释,难免会有人问:"科学在干什么?"面对如此情形,可以想象科学是多么尴尬啊!严格来讲,可以从比产生现象的尺度更大或更小两种尺度解释现象产生的原因。然而,在最常见增长和发展现象的生物学领域中,却明显偏向从更小尺度或微观尺度来解释。黑死病的起因先追溯到老鼠,然后是跳蚤,最后归因于细菌;眼睛的颜色取决于父母遗传物质中 DNA 的分子结构。衡量发现是否成功,通常是以它们在预测和控制经验世界时的效用为标准。从这个标准来看,微观尺度的研究取得了巨大的成功,它们给人类带来了巨大的效益。

尝试从更大的尺度来解释因果关系没有取得多大的进展。通常没人相信非还原论的因果关系解释学说,如历史上非常有名的生机说、目的论和拉马克学说。事实上,这些从非还原论的角度进行的尝试受到了严重的鄙视。很多生物学家现在仍视这个领域是禁区。

只强调微观世界的影响是自戴枷锁,从这种视角分析意味着增长和发展最终将在分子领域得到解释。在阐释 DNA 的化学和形态结构取得巨大成功后,人们对这种视角更是坚信不疑。在有机体的水平上似乎都可以描绘特定分子的变化。人们对分子决定论的推崇达到了盛况空前的地步。

尽管分子决定论取得了惊人成就,但增长和发展仍是一个谜。和极其简单的 DNA 分子或整个生殖细胞相比,成熟的生命体通常是非常复杂的系统。如何利用简单的基因组序列,对决定如此复杂结构的信息进行编码呢?

如果研究范畴不局限于个体发生学,增长和发展会成为谜中谜。生态系统、经济共同体、社会结构、文化运动,甚至与气象有关的结构和银河的结构都在经历增长和发展。一些生物学家仍然试图用分子语言解释大尺度系统的演化,社会生物学的拥护者(Wilson,1975)就认为基因是控制社会群体行为的因素。对生物学研究而言,这好象是一种独特的视角,然而大多数气象学家都会认为仅用水分子的性质来解释飓风的形成是浪费时间。

1.2　不确定的宇宙

　　基因确实影响社会结构,水分子的性质也影响飓风的形成,这毋庸置疑。然而,问题是单因子对自然现象的影响有多大,也就是在更大的尺度上,如何明确描述微观尺度事件的影响呢?

　　历史上也存在很多与此类似的事情。18 世纪晚期,知识分子对成功的牛顿力学推崇备至。也许,当时最让自然哲学家自豪的就是被誉为机械师。那时认为力学定律不仅适用于机器和运动的物体,还适用于经济学、社会契约和政府(Wills,1978)。几乎在同一时期,由于在化学转化理论中起了重要的作用,原子假说被公众广泛接受。由此,人们认为世界(尤其是气体)演化的轨迹是由严格按牛顿定律运动的原子决定的。

　　牛顿定律确实非常精确。一旦给定初始条件,它就能精确地描绘事件的结果。据此,Laplace(1814)推断:如果一个神奇的"精灵"知道宇宙中所有原子的精确位置和动量,那么根据牛顿定律,它可以推出宇宙事件的过去和未来的轨迹。

　　在 20 世纪物理学家的眼里,Laplace 精灵非常滑稽,但启蒙时期这个概念非常有魅力,它反映了人们对力学的前景非常乐观。19 世纪 20 年代,Laplace 精灵不灵的证据开始出现。工程师卡诺等在测量和改进蒸汽机效率时,发现蒸汽机不能完全将热量转化为功,这意味着蒸汽机运行的整个过程是一个不可逆过程。

　　现在看来不可逆是不言而喻的,就像死亡和税收一样无法避免。然而,不可逆过程的宏观描述却是对 Laplace 精灵的致命一击。在时间上牛顿定律是可逆的,牛顿物体向前或向后运动没有什么区别。也就是说,无法分清哪个方向是向前,哪个方向是向后。这样一些可逆过程加总怎么就变成不可逆过程了呢?

　　最终量子力学的出现解开了上述难题。简言之,是因为牛顿力学不能充分描述分子事件。原子的行为具有玻粒二相性,这种性质暗含了海森堡的测不准原理,即超过一定的精确水平,就不可能同时知道粒子的位置和动量。因此宇宙不仅不可逆,而且也不能被精确地测量。

　　大尺度系统的不确定性会增加,尤其是非线性动力学系统。无数的系统方程看起来是确定性的,如描述多体问题的方程,但实际上无法把系统产生的行为与混沌区别开来(Lorenz,1963;Ulanowicz,1979)。也就是说,如果无限精确地知道系统的初始条件,系统通常会按预期轨迹发展。然而初始条件的任何偏离,即使是极微小的偏离,都可能使系统演变的结果与最初预测的结果大相径庭。哪怕只是宇宙中一个粒子的状态没有精确测量,Laplace 精灵就会出错。反过来,就是说不可能重现很久以前的状态,即不可能精确地逆转系统。

1.3　现代生物学的困境

　　初看,现代生物学和 Laplace 精灵毫无联系,在遗传理论中起重要作用的是偶然性。

但这只是表象,而且表象可能是欺骗性的。20世纪五六十年代,生物学家就明显有重新挖掘 Laplace 精灵的想法。

　　前已述及,分子理论取得的成就及生物学研究的禁忌推动了还原论的发展。当人们认为(今天仍然有很多人这样认为)只能从小尺度往大尺度的方向来解释实体和事件的因果关系时,对还原论的推崇达到了最高潮。偶然性直接作用于分子,从分子开始以精确的方式预测更高层次事件的原因。尽管在更高的层次上可能有随机事件的影响,但只有与分子相联系时才能理解它们的重要性。如果宏观结构的任何方面独立于组成它们的分子,那么它的组织将由更高层次上起作用的规律或作用力控制。因此,正统观念认为 DNA 塑造了社会结构,或将有机体视为一种永远保存自己特有的 DNA 的机械装置。

　　分子生物学家逐渐认识到"基因决定论"的论据可能不充分。最近在"描绘"基因组对现象起作用的确切路径时遇到了很大的困难,这些困难使分子生物学家幡然醒悟。

　　Lewin(1984)报道了 Sidney Brenner 和他同事的工作:详细描述初级多细胞有机体 Caenorhabditis elegans———一种小线虫中所有基因的影响。这种线虫只有959个细胞,应该可以对已知基因对有机体的精确影响进行分类分析。经过了20多年的努力,但结果非常无奈:"基因中的信息与细胞组合成有机体的方式之间的关系……仍然难以琢磨。"

　　用 Brenner 自己的话来说:"最初认为应从基因控制的分子机制角度出发理解发展……[但是]分子构造过于简单,里面没有包含我们想知道的信息。现在必须尽力发现组织原理——事物是通过何种方式组合在一起的。"

　　即使有了组织上升理论,也不能随便就将基因决定论搁置一边。目前已有几个引人注目的发展理论(Prigogine 和 Stengers,1984),生物学家尽管意识到了宏观发展理论的重要性,但还未建立恰当的发展理论。这使生物学家陷入了两难的境地。选择转向其他学科又会碰到新的问题,事实上很多生物学家开始转向其他认为增长与发展存在的学科,如前面提到的经济学、社会学或宇宙学。可能是事出偶然,那些学科中的组织上升性又是从生物学雷区中(充满了生机说和目的论)的概念及观察资料推演出来的副产品。那么多生物学家选择回避增长和发展的问题,现在不足为奇了吧。

1.4　现象纠正

　　微观和宏观事件描述质量上的差异是引发这个困境的原因,也是最终解决这个问题的关键所在。分子生物物理学的描述的确引人入胜,而且都纳入了新达尔文学说。相反,在宏观尺度上收集的观测资料通常不连贯,实际上也没有形成描述各种宏观现象的核心理论。因此通常仍用生物分子事件来解释更大尺度上的现象。

　　本书尝试提高描述宏观现象的质量。正如热力学的诞生浇灭了人们对 Laplace 精灵的热情,这里希望通过改进的现象描述来缓解当前的困境。现象学是描述分析对象的正式结构的一门科学,其关注的分析对象是从存在的陈述中抽象出来的。本书用一种新的量化形式,即增加的"上升性"来表示生命系统的基本特征——增长和发展。已经证明,使生命系统趋向于一致、高效、专门化和自给自足的驱动力,都隐含地体现在最优上升性的"原理"中。最终目的是提供一种非还原论的综合具体观察资料的方法。

　　然而,从何处开始,如何阐明增长和发展的一致形式呢? 著名的发生生物学家Gunther Stent 提供了探索解决这一问题的线索。Gunther Stent(1981)声明:"岛屿殖民地上生态群落的建立或次生林的演化是两个有规律的现象,根据一些模式化的中间阶段可以或多或少地预测生态结构,在这些中间阶段里,相对丰富的各种动植物都按一定的顺序演化。显然,这些现象中呈现的规律性不是由各种基因组编码的生态程序决定的。"

　　Stent 建议,一开始不要过于注重绝对还原论者对自然的看法,也不要继续对 Laplace 精灵顶礼膜拜,而是需要远离双分子和有机体领域。借助一些初步的系统科学概念,可以大胆地用模糊的语言探讨超越了分子结构层次的组织原理的。在生态学的背景下,目前也只能这样描述增长和发展。

　　希望本书的出版能有助于生态系统科学的发展。如果因果关系只能从分子水平的作用者上寻找原因的话,那为什么还要致力于推理研究呢? 何况大多数生态系统的研究者都相信他们描述的事物本身就非常有意义。如 Stent 所言,没有必要,也不可能仅用生物化学语言解释生态系统现象。从长的时间尺度上来看,实际上生态系统是作为一个整体在发展,而且强烈影响着自身的生物化学结构。

1.5　理论的渊源

　　同本文描述的系统演化一样,新的原理不可能凭空产生。创新的进展也常与以前的科学知识体系有关。实际上,为大众接受的新想法通常都是能使相关的科学知识体系更加连贯和一致的想法。为了让增长和发展的描述更具有可接受性,本书在正式描述增长和发展之前,先介绍其背后基本的科学原理。

　　开始需要确定研究视角,也就是这次探索旅程基本的规则。这里采用的是基于现象的热力学视角。大多数读者可能都比较熟悉热力学,但是热力学导论几乎都没有涉及其中潜在的现象基础。第 2 章尝试弥补这方面的缺陷,但比较粗糙。

　　确定了研究视角后,接下来要讨论研究对象。本书最终是要描述增长和发展,然而需要注意的是,在不同学科中增长和发展具有不同的表现形式。这些不同形式的增长和发展之间是否存在共性? 能充分测量这些共性吗? 第 3 章提出网络流是最理想的测量对象。

　　如果能对生态系统网络发展的普遍特征进行分类,那么很自然会问:"形成这些类型的原因是什么?"第 2 章中指出,这个问题实际上已经超出了现象学的范围,从而也超出了本书的范围。除非读者掌握了至少一类自然现象的动因或作用机制分析方法,否则可能会认为作者脑中只有抽象的解释。因此,为了避免论述过于形而上学,第 4 章以与物质和能量循环相关的控制论反馈为例,说明非还原论的作用因素对增长和发展的影响。

　　至此,基础知识部分余下的工作主要是开发一系列的数学指标来测量发展的网络。这些指标不仅充分地表征了网络增长和发展的特征,同时隐含地阐述了背后的作用因素。第 5 章介绍了信息论,它是测量网络流的最佳方法,原因等读完后面的章节后会很清楚。

　　这个阶段设置 4 章是为描述增长和发展的特征做准备。对任何读者来说,用 4 章介绍基础知识都有点多,但如果要全面理解该理论,就会发现这 4 章是必要的。本书尽量精炼了基础知识(需要深入了解4个基础主题的读者需要阅读各主题的专业著作),意在使不熟悉这些主题的读者对这些学科的主要内容有个整体了解,同时解释说明了导论书中没有提及的一些微妙之处,这些对理解本书的综合理论非常重要。因此,即使非常精通这四门基础学科的人,在阅读过程中也可能会有新发现。

掌握任何定量理论都需要一些数学知识,为了增强可读性,本书尽力简化了对数学的要求。读者仅需要了解一些代数运算、矩阵运算法则和对数的基本性质,就可以理解书中的内容。尽管后几章中的一些运算非常枯燥,但希望读者能花点时间跟随本书一起推导,这样可以加深对问题的理解。由于省去了微积分的推导,下一章热力学部分略显薄弱,但这不会影响对本书核心内容的理解。因为对原理的开发来说,至关重要的是热力学的概念而不是详细的结果。

详尽说明基础知识后,第6章阐述了定量评价增长和发展的整体过程,评述了费尽艰辛得到的上升性定义的作用。在这一过程中可以得到一个有用的中间推论:与增长和发展过程对立(限制增长和发展)的一些过程,如衰老和耗散等过程,也可以利用与上升性公式相同的数学形式进行量化。同时还描述了利用最优上升性可以统一表面无关的(有时是完全不同的)观察结果和假说。随后展示了该理论的应用潜力,利用该理论可以开发其他的系统定义。如利用上升性的概念可以扩展达尔文的思想。通常"适应什么"是与达尔文的"适应性"相伴生的一个问题,利用群落的上升性指标就可以指明种群适应性变化的方向,而且这个方向完全没有包含目的论的固定目标。

易于总结和扩展,这是从现有理论中自然衍生新概念的一种优势。第7章对上升性概念进行了扩展。将空间异质性、时间变化或介质差异等内容纳入上升性的分析体系,在概念上不存在困难。最后部分蜻蜓点水地说明了这个理论可以在非生态系统中应用。本章这样的布局貌似"虎头蛇尾",但是恰如其分。能理解发展这一层意思的读者,说明已经认识到上升性理论具有广阔的应用范围,而且已经有了自己的理解。

本书中描述的思考增长和发展的方式增强了作者对整体结构的敏感性。对作者来说,这个世界是一个普遍联系的整体,当然这也可能只是错觉。这种愿景如此引人入胜,哪能独享。非常愿意与读它、想它、回应它的人一起分享这个中的奥妙。

2　视角

"现象学家促进了理论和实验的结合，他们用一些意
味深远的公式概括地表达实验数据，但未能从根本上
解释选择的公式。"

John Polkinghorne
The Way The World Is

2.1　热力学:关于现象的科学

如果读者会对书中的某一章感到无把握,那就是这一章。实际上,很多科学家在内心深处都对自己的热力学基础缺乏自信。其实大可不必如此! 为什么会有这样的担心呢? 肯定不是因为理解不了热力学的基本定律,热力学没有那么难。

热力学也常令人失望。学生通常开始对学习热力学都兴致勃勃,有些学生甚至对能用热力学原理解释一些宇宙的奥秘而感到欣喜若狂。学了热力学,许多学生都觉得自己的知识丰富了许多,对运用热力学解决实际工作中的问题充满了期待。然而就是望穿秋水,也未等到这一刻。失望之情,可想而知。与生物化学、传输现象学或最优化控制理论等学科不同,热力学并不是研究中常用的"工具"。言过其实者甚至认为热力学是无效的定律(Conrad,1983),有没有无所谓。然而如果真的没有热力学,其他的"工具学科"又都非常不完整。

为什么会有这样的担心和失望呢? 原因在于没有很好地理解热力学总结现象规律的特征。简而言之,热力学是用定量的、客观的方式对广泛的科学调查结果进行的系统整理,具有高度的普遍性和可靠性。19世纪工程师从蒸汽机身上观察到的现象,在力学、电学、化学、物理学、生物化学和生态学等其他研究领域中也可以观察到。无数不同类型的客观事实也可以证实同样的原理。在电力工程专业与分子生物学专业的热力学课程中,讨论的是完全不同的现象,对此你还会感到惊讶吗!

可以将热力学的表述从以经验为主的定性描述扩展到包含定量语言(即数学)的定量描述。偏微分方程是常采用的标准数学方法,然而也存在一些例外,Caratheodory(1909)在其非常抽象的阐释中,大量使用了示构分析和拓扑学的方法,Tribus(1961)在其阐述中使用了统计学和信息论的方法。

没有人能熟悉所有学科中的特殊现象,也没有人能熟练掌握所有相关的数学工具。辩论中,由于相互不熟悉对方的术语,难得一见针锋相对的辩论场景,常见的是辩论双方拙口钝辞,不知所措。看来担心确实是难免的。

大部分热力学导论都没有充分强调热力学总结现象规律过程中固有的局限性,这是失望的根源所在。作为总结客观经验的学科,热力学采用的逻辑方法是高度归纳,并不是

用推理语言来"解释"事件。例如,将进化论、遗传学、分子生物学的基本原理与物种生活的特定环境结合起来,新达尔文主义者就可以"解释"一些独特的特征或行为,如北极熊的白毛或水中浮游动物每日的迁徙。对这些现象,热力学提供不了解释,热力学只能提供像宇宙的熵将增加这样最普遍的预测。如果开始没有提醒,由于有学习更具推理性和预测性学科的经历,学生可能会对热力学抱不切实际的幻想。当然,这些幻想通常都会破灭。

鉴于上述个人学习热力学时遇到的各种烦恼,现在是弄清热力学的基本作用的时候。为什么热力学是科学的基石? 因为它具有一般性和普遍性。超过一定的尺度范围,热力学定律都成立。无论研究对象是等离子体、电磁石、填充过滤器的反应堆、柔软的蛤蜊或者湖泊生态系统,热力学定律都适用。这个性质非常重要——其他学科都不具备这种一般性。如果能找到一个违背热力学定律的简单系统,那么即使不推翻,也要大幅度地改写现在的热力学,这样的发现将会是历史上最重大的发现。

只有从宏观角度观察世界,才能进行一般性描述。即假定系统仅仅由一个或几个要素组成,刻意忽略这些要素的内部或微观结构。因而,如果研究气缸内的气体,通常只需要了解气体的温度、体积和压力等宏观性质,有时还需要了解黏性或热容量等其他性质,至于气体是由原子和分子组成的,分子正在做什么,这些是可以忽略的。

很多人仍然觉得热力学原理与微观机制有千丝万缕的联系。有这样的错觉是因为没有正确评估统计力学在科学中的作用。统计力学的研究通常采取下述研究步骤。首先对"原子"的性质作了一系列假定。例如,假定气体分子为点式群体,可以像一个给定半径的硬球体一样运动,或者是相互之间有引力的硬球体,分子之间的引力与分子球心之间距离的平方成反比。然后根据已知的或据经验推导的统计分布确定原子的位置和动量。最后利用力学和统计学定律计算分子的集体表现行为,逼近通过观察或实验得到的一些"规律",如理想气体或范德瓦尔斯气体的规律(Chapman 和 Cowling,1961)。

在非常严格的假设条件下,在有限的范围内,统计力学确实可以合理地解释热力学现象。然而,据此就认为热力学可由更基础的理论推导得出,显然有点本末倒置。热力学是一种前后一致的经验知识体系,这不需借助微观粒子就很容易证明。展示原子假说可以涉及更基本的经验规律,统计力学的目的是想说明原子假说更值得信赖。如果这方面的尝试失败,只能说明在微观假设方面存在问题,而不是热力学存在问题。

除推导了一些有用的估计物质性质的公式外,统计力学还证实了热力学和原子假说之间存在相容性,有些见解还是非常有用。

微观层次上大量粒子的行为与宏观层次上几种属性的功能之间,存在明显的多对一的映射关系。这种同态映射的关系说明,与一个宏观属性值相对应的是微观尺度上大量不同的结构。尽管可以看见流体中的分子,但景象相当混沌;人们主观上觉得不可能,实际上也确实不能预测微观尺度上分子配置演化的未来景象(Ulanowicz,1979)。然而,宏观上流体的行为是有规律的、可预测的。由此可见,个体水平上的混沌和自由度并不影响整体表现出来的有序和确定性行为。

通过前面的介绍,易知将热力学应用于生态系统分析和社会系统会面临很多问题。首先,宏观系统层次上的定量观测数据,不知道是否适合用生态学术语来进行热力学描述。其次,物理热力学中使用的语言(数学)可能并不适合描述群落现象。现在所谓的生态系统热力学,主要就是试图利用经典状态变量(从平衡态条件下推导的)来描述有机体水平上的生理过程,后面会讨论这一问题。

现在将视角转向生态群落,很容易发现系统中的"原子"是一些具体的对象,如犰狳、树、磷虾、甲虫和浮游动物。这些"原子"的运动毫无规律,并在随机区间上与别的"原子"之间产生许多独立的相互作用。也就是说,人类天生就是混沌但壮观的微观生态世界中的一个"原子"。面临的决定性挑战是如何获得或推出生态系统的宏观景象(Margalef,1968),关键的问题是这种景象是否有序,是否可以描述。

Kerner(1957)较早开展了系统宏观描述方面的研究工作,尝试严格地将统计力学方法类推到生态学研究中(也见 Goel 等,1971)。尽管没有研究者仔细测量过 Kerner 的全局变量,但是由于定义和计算这些变量需要严格的假设条件(如只能考虑捕食者—被捕食者的相互关系),因此一直有人怀疑它们的作用。

如果统计力学的概念不足以描述系统水平上的属性,那是否有替代方法呢?接下来的 3 章将提出一种新方法。这里关心的是先前的讨论对后面描述发展会有什么限制。例如,这里指出描述必须具有普遍性。也就是说,需要用相同的形式描述生态系统、个体发生系统或经济系统中的组织。要有普遍性,当然任何描述都不能依赖于特定的机制。因此,宏观上对生态系统组织的描述不能采用 DNA 复制的机制。(这不是基于分子生物学的一个价值判断,分子生物学的判断肯定只要求采用 DNA 复制机制得到的结果与宏观描述一致,就像统计力学要求原子假说和经典热力学的结果一致一样。)

从现象的视角进行研究,这增大了在生态学和其他大尺度复杂系统中应用非还原论方法的空间。然而必须承认,现在的热力学理论还不足以充分描述群落中的增长与发展现象(Lurie 和 Wagensberg,1979;Johnson,1981;Gladyshev,1982(这篇文章提出了相反的观点))。成功地描述增长与发展必定是对现有热力学体系的一种补充。显然,新增的原理不能与现有的热力学理论相冲突,而是必须与之相容。因此,这里首先介绍成熟的热力学定律和概念,以便为后面阐述发展理论做准备。

2.2　热力学第一定律和功的本质

几乎所有受过科学训练的人都知道能量守恒定律;能量既不能创造也不能消灭,只能从一种形式转化成另一种形式。能量守恒定律是一个普遍的自然规律。

这个定律实际上阐述了守恒和转化两个概念,其中守恒的概念先形成。17 世纪末 18 世纪初发明了温度计,利用温度计可以赋予物体一个与它的质量和温度成比例的热量值,这促进了热力学的发展。有了热量守恒的概念,物质和化学元素守恒的概念也就同步发展起来(Tisza,1966)。在热量守恒的前提下,将质量为 m_1、温度为 θ_1 的水与质量为 m_2、温度为 θ_2 的水混合,可得式(2.1a)。

$$m_1\theta_1 + m_2\theta_2 = (m_1 + m_2)\theta \tag{2.1a}$$

最终,可由式(2.1b)计算混合物的温度 θ。

$$\theta = (m_1\theta_1 + m_2\theta_2)/(m_1 + m_2) \tag{2.1b}$$

早期的热量守恒的概念经过改进,可以求出不同物质的比热、相转化的反应热和潜热。由于精确简练,热量理论被广泛接受。

热量理论如此具有吸引力,以至于在 19 世纪末 20 世纪初,Count Rumford 证明机械功可以产生热量(开炮时摩擦产生的热量可以使水沸腾)时,仍有很多人继续支持热量理论。大约 40 年后,迈耶(R. J. Mayer)和焦耳(J. P. Joule)分别估算了热功当量系数。焦耳通过精确的实验证明了机械能、电能、化学能和热能可以相互转换。坚不可摧的热量理论开始土崩瓦解,但守恒的计算方式保留了下来。系统能量的变化(ΔE)等于从外界流入系统的热量(Q,热)加上外界对系统做的功(W),即式(2.2):

$$\Delta E = Q + W \tag{2.2}$$

150 年前发现的能量转化规律对现在计算生态能量平衡的方式真有显著影响吗?在回答这个问题之前,先浏览一下现在计算生态能量平衡的方式。通常用图 2.1 所示的方框(小室)表示单位系统(一个物种、一个群落、一个营养级等)。左边的箭头表示输入小室的能量,记为 $T_{ji}(j=1,2,3,\cdots,n)$;右边的箭头表示与生物量一起输出小室的能量,记为 $T_{ij}(j=1,2,3,\cdots,m)$;大量离开小室的热量用方框底部的箭头表示,记为 Q_i。

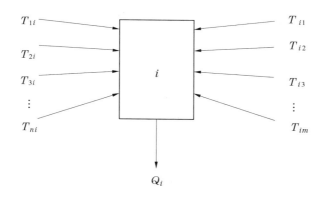

图 2.1 典型的能量输入和输出图。经过足够长的时间后,小室 i 中输入的能量肯定会超过输出的能量,这部分超出的能量(Q_i)会以热的形式耗散。

通常确定生态能量收支平衡的程序如下。首先估算单位时间内进入和离开小室的生物量,现在估算生物量的方法很多,可任选一种方法进行估算。然后用弹式量热计测定单位生物量所含的能量。弹式量热法包含以下 4 个步骤:烘干样品;将样品置于四周是水的密封的金属容器("气罐")内;往气罐中注入氧气,点燃气罐内的样品;测量水温的变化。如果事先测量了样品的质量和水的质量,此时就可以计算出单位质量样品的燃烧热。(弹式量热法测得的热量实际上是单位质量样品反应的焓变,但这不影响后面的讨论。)最后用流入或离开小室的生物量乘以单位生物量所含的能量,就可计算得到流入或离开小室 i 的能量。热流 Q_i(呼吸)可以通过下面两种方法测量:一是热量测定试验,该方法可以自动检测动物身上散射的热量;二是先测量有机体吸收氧气的速率,然后结合已知的反应分解代谢热转化为热量。

小室 i 中的任何过程既不创造也不消灭能量,因此小室 i 的瞬时能量平衡关系如下:

（室 i 的能量积累率）=（所有流入室 i 的能量）-（所有流出室 i 的能量）

或

$$dE_i/dt = \sum_{j=1}^{n} T_{ji} - \sum_{k=1}^{m} T_{jk} - Q_i \qquad - \qquad (2.3)$$

其中 E_i 表示室 i 的内能，前缀 d/dt 表示时间变化率。实际上，大多数生物过程都是在接近恒压的条件下进行的，这说明可以忽略室 i 做的机械功，这样计算的结果也不会明显影响式（2.3）中的平衡。

如此详细地分析生态系统的能量平衡，是为了说明整个过程都可以从热量理论中找到依据。更确切地说，不了解热功转化（内能和焓的区别）的实验者，也能够进行相同的实验，并得出与式（2.3）相似的能量平衡关系。怎么还没有涉及功？是迈耶和焦耳刚好在韬光隐迹？还是在生态分析中功本身就无足轻重呢？

当然功的概念和生态系统紧密相关。在阐述二者的紧密关系之前，这里先简短地介绍功的量纲和其他的属性。要明确地表达热力学第一定律，就必须强调功的物理量纲。可以用和热相同的物理量纲来测量不同形式的功（如机械力作用一段距离，电荷通过静电场，许多摩尔的物质转变成不同的化学势）。不同形式的功是等价的，这是热力学第一定律的基石，然而第一定律很少涉及这背后的原因。下一节对热能的讨论超出了热的量纲范围，更多集中在热能的质量上。这里暂时回到微观世界，看看统计力学是如何解释热的质量的。统计力学认为，不同介质之间的热传递转移反映了热质量的变化。从分子配置（空间位置和动量）的角度来看，热传递的方向是从概率较小的状态转向概率较大的状态，伴随这一过程，热的质量降低。通常，转移过程都是从概率较小的状态转向概率较大的状态。

从微观角度来看功，很明显本质上功和热正好相反。拿着 1 kg 的石头从山脚走到 100 m 高的山顶，需要做功 981 J。从微观的角度来看，做功是将石头从概率较大的山脚搬到了概率较小的山顶。在山顶将手松开（撤去所有将石头制约在山顶的因素），石头就会滚到山脚，即撤去约束后，自发事件会向概率更大的方向发展（这是对热力学第二定律的变相描述）。与做功相反的过程就是自发过程。压缩汽缸内的气体需要做功，取掉活塞后气体自发扩散到更大的空间。相反，从概率高的状态转移到概率低的状态就需要做功。如果用隔板将两种不同气体分开，取掉隔板后气体就变成了单相均匀混合物。这时如果想将这两种气体分开，必须做一定的功（具体说是化学功）。在这两个例子中，做功是一种有序的过程。从这个意义上讲，功的科学含义可以推广到日常生活的概念中。扛混凝土包的劳工和整理文件的职员都在做热力学功，也就是都可以转化成以能量为单位的功。从功的角度又怎样区分二者呢？因为量纲一样，从做功的多少是无法区分的，唯一的区分方法是这两件事转化为功的难度不一样。

再回到图 2.1 中的小室，会发现这里正在做功。从微观的角度来看，输入流的分子结构正被重组成输出流中新的分子结构形式。如果测量出输入流、输出流的化学势以及转换有机物的摩尔数，就可以计算得到重组所需的化学功。说来容易做来难，实际上测量简单物质的化学势就非常困难，更何况要测量生态流中复杂有机物的化学势呢（Scott，1965）。除此之外，要测量的化学（生物化学）功也只是整个做功过程中的一部分功。测量有机化合物的化学势，需要将它们从活的有机体中分离出来；测量有机体的化学势，依此又必须将有机体从它与其他个体和物种的交换网络中分离出来。由此可见,测量化学或有机物尺度上的功函数确实非常困难。那从宏观上测量生物和生态功函数呢? 要是它们与生命网络中的有序性有关,通过生命网络的有序性来推断宏观上的生物和生态功函数,不就可以曲径通幽了吗。确实,相对来说估计更大尺度上的(生态的)功函数更容易,对此你可能会大吃一惊。第 6 章在介绍完发展的概念后会对宏观上的功函数进行估计。

2.3 热力学第二定律

2.2 节讨论功的本质时怎么利用了热力学第二定律,这不是前后矛盾吗。不! 比发现热力学第一定律早 20 年,法国军事工程师卡诺就阐述了热力学第二定律。卡诺(1824)主要设计和操作矿山抽水的蒸汽机。他最初将热力学第二定律表述为"不可能制造出一种机器,除了冷却一个低温物体和加热一个高温物体外,而不引起其他的变化"(Tribus,1961)。随后他的注意力转移到了引擎中蒸汽反复重复的加热、减压、冷却和压缩形成的循环上。根据自己的热力学第二定律,卡诺指出可逆循环的效率最高(将热转化为功的效率)。为了纪念卡诺的巨大贡献,如今仍然用卡诺效率来指代热机的效率。

针对热力学第二定律,以后又出现了许多与卡诺等价的表述。例如,克劳修斯将卡诺的想法重新表述为:"热量不可能自己从低温物体传到高温物体。"现在听来这好像俗语,要知道在 19 世纪中期才认识到温度是一种热流的势能,那时就能如此精确地描述第二定律确实不容易。其他一些关于热力学第二定律的描述非常抽象,如 Witness Caratheodory (1909)采用微分几何的解释:如果希望接近相空间(用温度、体积和压力等定义均衡系统的状态变量来定义的数学空间)中的任何点,那么有无数个点是通过可逆过程无法到达的。

热力学第二定律最适合生态系统分析的表述形式是:任何能量都不可能全部转化为功。下面先看一下其简单的数学表示形式。以图 2.1 为例,图中 T_{ji} 表示输入生态系统组分 i 的第 j 种能量。广义上讲,$\sum_{k=1}^{m} T_{ik}$ 是生态系统组分 i 做的功。热力学第二定律说明输入的能量肯定要超过所做的功,超出的部分以热的形式耗散到宇宙中,其数学表达式见式(2.4)。

$$\sum_{k=1}^{n} T_{ki} - \sum_{k=1}^{m} T_{ik} = Q_i > 0 \qquad (2.4)$$

生态系统的任何功能组分都会耗散一定的热量(Q_i),这些热量以后用类似电路图中的接地符号表示(见图 2.2)。

热力学第二定律对生态系统中的物质平衡有什么限制吗? 在能量平衡中,耗散的热(Q_i)不能再用来做功,但热力学第二定律并未说明物质也满足同样的约束,实际上所有的物质都可以重新进入网络。因此,许多物质转换网络图都没有考虑物质的损失。不论正确与否,本书余下的部分通过识别分析要素的一种形态作为基态(如可用能量最少的状态)来处理这一问题。基态通常在图中用接地符号表示,能量的耗散或物质的损耗用流往基态的流量表示。需要注意的是,基态不是交换网络中的组分,分析要素重新进入网

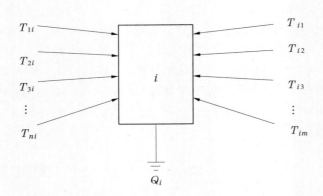

图 2.2　图 2.1 中典型的能量输入和输出。这里耗散的流量(Q_i)用接地符号表示。

络需要一定的能量,相伴的物质流可视为生态系统的初级投入。例如,如果循环要素是碳,呼吸流量表示其他形式的碳退化为 CO_2,而有机物通过光合作用固定的 CO_2,将作为外界对生产组分的投入。

前面对热力学第二定律的讨论足已解释现在各种关于生态系统的测量数据,也就是说,130 年前热力学家解释这些数据的方式与现在的解释方式并没有什么区别。即使是最马虎的热力学学生都可以马上指出,还有几个与热力学第二定律紧密相关的概念没有介绍。

有几个概念对 19 世纪晚期平衡态热力学的发展至关重要,但它们对讨论生态系统事件作用有限。例如,系统的宏观属性对描述系统的状态来说是非常基本的,也就是说,系统的宏观性质是状态变量。气体的压力、温度和体积是经典的状态变量。根据变量值是否反映系统的物理大小,可将状态变量分为广延量和强度量。压力是强度量,因为随意分割系统后子系统的压力不变,而体积则是广延量,将系统分割为子系统的同时,体积也分配给子系统。(Amir(1983)从另外的角度对广延量和强度量进行了有意思的区分。)

常常将状态变量和过程变量相比较,后者描述状态转化过程中发生的事件。例如,假如一个系统经历一条假想路径转化,但它的初始状态和最终状态相同(即该路径是一个循环路径)。根据定义,系统循环的初始温度和最终温度(状态变量)是相同的。然而,在循环过程中系统有热量(过程变量)转移,具体大小取决于循环的路径。状态变量的某些数学性质(它们是完整微分),使它们之间的关系易于表达。因各种各样的原因,即使是入门的教科书也更关注状态变量,而很少涉及过程变量。这种偏见让很多学生认为,与状态变量相比过程变量总有一些“缺陷”。

从状态变量的名字可以看出,它包含着一种静止或不变的条件。严格来讲它只适用于热力学平衡态。热力学中的平衡比通常所说的不变的平衡有更精确的含义。如果系统在一段时间内属性没有发生变化,则可以认为系统处于稳定状态。如果没有发生耗散,则可以认为系统处于热力学平衡态。用一个简单的假想实验可以帮助区分稳定状态和平衡态。在脑海里,将不变的系统完全孤立,也就是切断该系统与外界所有的物质和能量交换。如果系统被孤立后完全没有发生变化,则该系统最初就处于热力学平衡态。如果发生了变化,那么该系统最初处于稳定状态,但不处于热力学平衡态。

例2.1

纯质导热杆一端连接着温度为 θ_1 的热源,另一端连接着温度为 θ_2 的热源。$\theta_1 > \theta_2$,但是 $\theta_1 - \theta_2$ 的值很小。经过足够长的时间后,导热杆上各点的温度不随时间变化,沿导热杆的温度曲线实际上是一条直线。

这时导热杆是处于稳定状态,还是热力学平衡态?可以通过下面的试验回答这个问题。如果突然使用隔热材料将导热杆密封起来,切断它与外界的物质和能量交换。不用求解热传导方程就可以推出,此后沿导热杆的温度曲线会变成一条温度值为 $\frac{(\theta_1 + \theta_2)}{2}$ 的水平直线。因为导热杆被孤立后发生了变化,所以导热杆处于稳定状态,但没有处于热力学平衡态。

例2.2

将反应容器的温度设定为 986 ℃,注入由 70.3% 的 CO_2 和 29.7% 的 H_2 组成的混合气体。经过足够长的时间后,容器内含有 47.5% 的 CO_2,6.9% 的 H_2,22.8% 的 CO 和 22.8% 的 H_2O,该比例关系不再变化。最终气体混合物处于稳定状态,也处于热力学平衡态。因为即使孤立反应容器,混合物也不会发生进一步的变化。

这样的试验给生态学家传递了一个信息:只要他们研究的是有生命系统,就决不可能处于热力学平衡态。那么状态变量还适用于生态系统吗?答案取决于状态变量的性质。例如,由于有机体体内的温度梯度通常很小,因此非常容易就可以测量有机体的温度。如果突然孤立有机体(同时关闭它的新陈代谢),有机体的温度梯度将消失,然而孤立有机体的均衡温度与活的恒温动物或冷血动物的温度差别不大。就温度而言,大多数有机体(和它们的集合体)是"接近平衡态"的。

然而针对有机体或群落,采用其他状态变量,情况就截然不同。例如,在经典热力学中,熵是对经典第二定律表述起支配作用的一个状态变量。"任何自发过程中,宇宙的熵必然增加",在这个热力学第二定律的表述中熵的作用可见一斑。在经典含义上,熵测量的是给定温度下不能用于做功的能量。系统的熵值越高,可用来做功的能量就越少。Hermann von Helmholz 对可用来做功的能量进行了定义,见式(2.5):

$$F = U - \theta S \tag{2.5}$$

式中,U 是指系统与参照系统的能量差,F 是可用来做功的能量,不能用来做功的能量用温度 θ 乘系统与参照系统的熵差(S)表示。

从宏观的角度来看,熵的概念很抽象而且难以想象。然而,微观上利用统计力学方法推导出的熵概念更具体而且更容易理解。第 5 章将介绍熵的数学表达形式,这里只是指出熵量化了系统组成成分的无序(或组成成分瞬时结构的相对概率)。下面是一个经常引用的例子,一个容器中间用隔板分开,两侧各注入不同的气体(有序)。如果将隔板取掉,气体就会混合(无序)变成均质系统。混合过程的熵增(无序)可用统计力学或宏观方法计算。

熵可以量化无序引出了许多科学和哲学论述（Kubat 和 Zeman，1975）。甚至许多生物学家也开始谈论有机体的熵，或有机体结构有序的负熵。

直觉上将经典热力学概念扩展到生命系统颇具吸引力。然而，这样扩展是否合理呢？有两种有影响的质疑。第一种质疑是非平衡态系统状态变量的定义问题。与温度不同，孤立生命系统，熵将急剧增加；活的组分腐烂后，熵也将明显增加。能用熵作为生命系统的状态变量吗？

读者可能会怀疑第一种质疑，但肯定会相信第二种质疑：还没有人能测量生命系统的熵。测量物理和化学个体的熵就不是一件容易的事，由于需要假定参考状态下物质的熵值，因而非常复杂。（有人将这种假定称为热力学第三"定律"。）前已述及，生命系统能做功是因为它是有生命的耗散系统。然而像弹式量热法这样的测量方法通常需要将样品分解（Scott，1965），一旦样品被分解，就不可避免地会忽视生命系统做功的能力。因此，生态系统中现在还不能测量熵和衍生的变量自由能等概念。将热力学应用到生态系统中无非是想测量一些不能测量的事物，这无异于是缘木求鱼。

2.4　非平衡态热力学和原始群落

经典热力学只研究处于平衡的系统，这使它不能充分描述复杂的生物现象，也不能充分描述耗散的物理和化学现象。大约 50 年前，开始尝试用热力学描述稍微偏离平衡态的系统。说到这里，不得不提劳苦功高的丹麦化学工程师昂萨格（1931），这里援引了他大量的工作。

如果状态变量与气象学中描述的温度场和压力场一样，那么也可以作为在时空上变化的纯量场处理。逐渐为公众所熟悉的近平衡态或不可逆热力学，就是以上述假设为基础发展起来的。将状态变量作为纯量场处理，需要将系统空间划分为由许多单元格组成的格网（不一定由直线构成）。单元格的大小要合适，一方面要足够大，可以包含一定量的宏观物质；另一方面要足够小，以便通过空间连续的、处于热力学平衡态的单元格来估计状态变量的梯度。同时，单元格时间上的变化必须比较慢。要满足上述要求，状态变量的空间梯度必须是渐变的且耗散很小，而且整个系统只能少许偏离热力学平衡态。

可以观测到状态变量的梯度伴随着流动过程。例如，温度的空间梯度伴随着相应的热能流动（热散失）；化学势中类似的梯度引起物质的扩散流动。并非只有物理领域存在梯度，在一些抽象的空间范围里也存在梯度，例如反应程度（即化学反应离平衡态多远）。如果化学反应的反应物或生成物拥有大部分化学能，那么化学反应将向减弱这部分化学能的方向进行，并最终达到平衡状态。一般认为状态变量的梯度是引起相应过程（"流"）的"力"。依据观测和试验可以证明，在近热力学平衡态下，流与引起流的力呈线性关系。因此，如果 J_1 指任意流，X_1 是相应的力，那么在近热力学平衡态下，式（2.6）成立。

$$J_1 = L_{11}X_1 \tag{2.6}$$

其中 L_{11} 是一种"现象常数"❶，如傅立叶热传导常数、菲克热扩散常数等。在这些例

---

❶　在热力学统计物理和物理化学的教科书中称为动理系数和唯象系数。（译者注）

子中,读者已经粗略地知道力有哪些,如果将这些力采用合适的单位重新表达,可以使力乘流具有熵产生率的量纲(能量/温度/单位面积或体积/时间)。对两个流的系统,熵产生率(σ)可用式(2.7)表示:

$$\sigma = J_1 X_1 + J_2 X_2 \qquad (2.7)$$

对有 n 个过程的系统,熵产生率可用式(2.8)表示:

$$\sigma = \sum_{i=1}^{n} J_i X_i \qquad (2.8)$$

自然过程几乎不会在孤立系统中产生,也就是说自然过程之间不是相互独立的,而是存在相互干扰。两个过程之间的相互干扰称为"耦合影响"。由于存在耦合效应,因此在同时发生热传导和物质扩散过程时,各个力除了影响对应的流外,原则上还会影响其他流。例如,将均质的液体或固体混合物置于热梯度场中,不仅会产生热流,同时也会引起混合物中的物质流动,直到反向的化学势梯度与物质流梯度平衡为止(Soret 效应)。反过来,物质扩散也引起了热流(Dufour 效应)。还有更熟悉的例子,比如电力与机械力的压电相互作用,热和电相互作用产生热电偶。为了解释这些耦合影响,必须修改现象关系。在近热力学平衡态下,针对包含两个过程的系统,可以按照影响的作用力将流的线性关系扩展为式(2.9)。

$$\begin{aligned} J_1 &= L_{11} X_1 + L_{12} X_2 \\ J_2 &= L_{21} X_1 + L_{22} X_2 \end{aligned} \qquad (2.9)$$

同样,针对包含 n 个过程的系统,流的线性关系可以扩展为式(2.10)。

$$J_i = \sum_{j=1}^{n} L_{ij} X_j \qquad (2.10)$$

例 2.3

Soret 效应是物质分离技术的基础原理。例如,用直径很小的绝热真空管将两个球形容器连在一起,在每个容器中注入两种接近理想气体(如90%的氢气和10%的氘)组成的混合物。参见图 2.3 和 Bird 等(1960)书中的例 18.5 – 2。将其中一个容器加热到 375°K,而另一个冷却到 287°K。这时真空管内会产生由热传导引起的热流,以及伴随的 H_2 和 D_2 的流动。直到两种气体的浓度梯度达到平衡,H_2 和 D_2 的流动才会停止。然而,热流对两种气体产生的耦合效应不一样。能动性更强的 H_2 更容易离开热球形容器。当系统达到稳定状态时,热球形容器中包含 89.6% 的 H_2 和 10.4% 的 D_2,而冷球形容器中包含较多的 H_2(90.4%)和较少的 D_2(9.6%)。在热球形容器里,混合物中氘的含量增加。

图 2.3　利用 Soret 效应分离气体的装置图。因温度不同,两个球形容器之间会产生热流,热流的耦合效应会引起不同的物质流。

昂萨格(1931)指出在接近平衡态时,力与流量的耦合系数(现象系数)是对称的。例如,Soret 效应中热梯度引起物质流的耦合系数与 Dufour 效应中化学势梯度引起热流的耦合系数相等。一般来说,式(2.10)中的 $L_{ij} = L_{ji}$ 。

　　昂萨格描述的耦合对称性暗含了 LeChâtelier - Braun 原理,即改变对平衡有贡献的因子,都会引起反向因子产生补偿变化,从而使平衡向减弱这种改变的方向移动。扰动温度分布不仅会引起热流,还会引起物质流。然而,耦合系数的对称性说明扰动温度分布产生的化学势梯度,反过来可以减弱温度梯度的变化。

　　昂萨格和 LeChâtelier - Braun 想法之间的关系使普里高津(1945)用现代热力学术语重新阐述了后者的原理。普里高津证明对全部过程而言,"充分接近平衡状态时……,和限制条件相适应的稳定状态的熵产生最小"。将式(2.9)代入式(2.7),并根据 $L_{12} = L_{21}$ 可得式(2.11)。

$$\sigma = L_{11}X_1^2 + 2L_{12}X_1X_2 + L_{22}X_2^2 \qquad (2.11)$$

式(2.11)表示有 2 个过程的系统的熵产生率。对于有 n 个过程的系统,熵产生率为:

$$\sigma = \sum_{i=1}^{n} \sum_{j=1}^{n} L_{ij}X_iX_j \qquad (2.12)$$

　　普里高津定理指出,在接近热力学平衡态的条件下,当限制条件阻止系统达到平衡态时,系统会选择使式(2.12)取最小值的力的配置来达到稳定状态。由于 σ 反映的是离开热力学平衡态的距离,因此最小化 σ 反映了系统向未受干扰(平衡)状态的回返。

　　尽管普里高津定理有许多严格的限制条件,但是这里对该定理还要多费点笔墨。不管怎样,该理论适用于一般约束下使系统远离平衡态的一系列过程。然而,对生物学家来说,让他们印象最深刻的是许多热力学家在阐述普里高津定理时一点也不注意措辞,如经常听到"在接近平衡态的稳定状态下,力和流自我配置以使熵产生率最小"。

　　普里高津定理是变分原理。这意味着存在一个目标函数,当系统达到平衡态时函数值最大或最小。这当然不是物理学中的第一个变分原理,实际上物理学的学生非常熟悉的力学中的汉密尔顿原理(Goldstein,1950)就是一个变分原理。与之不同的是,普里高津研究的是整个过程。整个系统的各个组分,包括力和流,一起朝最小化目标函数(熵产生率)的方向协同演化。

　　描述变分行为和搜索目标行为的数学表达形式没有什么差异。目前许多生物学家心中对目的论仍存戒心,反对类似目的论的任何事情,所以他们拒绝接受普里高津这样的定理也就不足为怪。然而,利用一种给定的数学形式并不能说明使用者重视最终的原因和结果。数学与价值标准没有什么关系。通过现象观察仍然可以发现,无生命无思想的基本物理过程通过相互作用可以最优化一些共同属性,他们表现出来的行为就像原始群落社会一样。尽管是目的论的,但没有恰当的理由或经验事实证明不能将这样的数学表达方式用到更复杂的生物世界中。从实用的角度出发,变分法是定量描述相互作用过程的最佳方法。(生态建模者马上就能指出还有其他方法,这将在后面讨论。)

　　尽管普里高津定理展示了整体系统思考美好的前景,但不能忽视它应用的局限性。首先,它仅适用于近热力学平衡态系统,但前已述及生命系统是远离平衡态的。其次,前面也提到过,建立在生命系统熵的基础上的论点,总是让人怀疑。普里高津的论点是建立在更容易计算的熵流(而不是不可量化的熵)的基础上,因此不会受到前面的第二种质疑。

最后,一个现实问题成了将普里高津假说应用到生物学的最大障碍。研究物理过程时,相对比较容易(当然也重要)确定驱动流的力。温度梯度、压力梯度、电压差和化学亲和势分别引起了热传导、流体流动、电流及化学反应。然而是什么力引起生物量流动(如从草到野牛、兔到狼、鲸到鲥鱼、狮子到腐肉)呢? 当然特定情况下可以确定影响这些流的力,有时还可以量化这些力。但仍然难以定义热力学意义上的一般生态力(Ulanowicz,1972)。有人尝试通过严格类比物理过程中的力来定义一般生态力,但引发的问题远甚于他们澄清的问题(Smerage,1976)。即使存在一般生态力,现在它也还比较朦胧。

将普里高津假说应用到远离平衡态,许多尝试都假定一般的力是具体可见的,而且是可测量的(Glansdorff 和 Prigogine,1971)。然而,生态学及生物学其他领域中的力是模糊不清的,这对研究确实有影响。要是生态学家仍然找不到力,看来只能绕开这个问题。由于热力学的目的是现象描述而不是解释,在生态系统中应用热力学,显然力(解释)是次要的。其他学科尤其是经济学,根本就没有明确提到力,仅用流来描述系统行为就取得了一定进展。由此可见,生态学家确实可以绕开力这个问题。在探索合适的研究对象时,生态学家采用了流及网络的研究方法来描述生态系统现象。接下来的章节先回顾生态学家们在这方面的研究成果,这对理解第 6 章的理论应该有帮助。

2.5 小结

如果认清了热力学总结现象规律的特点,就不会对它在科学中的作用产生诸多误解。

热力学主要总结经验事实中的一些共同属性,它的巨大影响主要在于普遍性,但这要以忽略更小尺度上的细节为代价。因此,还原论的解释在热力学中本身就没有合适的位置。像统计力学那样,试图从微观机制出发来解释热力学的现象观察结果,结果最多只能表明在两个不同水平上的描述是一致的。然而,热力学本身并不是以微观理论为基础的学科。

基本上人们可以直接观察到生态学中的"微观"事件,即有机体之间的相互作用。统计力学通过加总观测水平上的事件来推出一些宏观(整个系统的)原理,这方面的经验可以补充热力学定律。不过统计力学现在使用的数学方法还达不到这样的目标,要想真正起补充作用,可能需要采用其他的数学方法。任何新发现都要与现有的现象一致,认识这点对科学探索非常重要。因此,对这些热力学定律都需要刨根问底,以便可以将它们纳入到后面的综合体系中。

热力学第一定律研究能量的守恒和转化。实际上现有对生态能量的描述都是以能量守恒为基础的,过去的热量理论就已经考虑这些内容。在生态系统能量学中并没有明确考虑经典意义上的"功"。然而,可以从另外的角度将功看做一个有序的过程,并据此纳入到生态过程的分析中。如此,在生态学中可将热力学第二定律表述为:生态系统组分不可能将输入的物质和能量全部转化为有序的生物量(生态系统的功),其中必然有一部分要被耗散掉。

经典热力学用静态或状态变量描述处于热力学平衡态的系统。然而,根据定义生命系统不处于热力学平衡态。那熵和自由能这样的状态变量能否在生态系统分析中发挥作用呢？对此存在广泛的争议。

目前，非平衡态热力学的研究都是将过程视为假想"力"作用的结果。经过适当的定义后，可以使力乘流具有熵产生率的量纲。近平衡态的任何稳定状态系统，力和流量的配置都会使熵产生率最小，这是非平衡态热力学一个重要的结论。尽管这个假说的数学形式与搜索目标行为的数学形式非常相似，但是它描述的系统的基本性质排除了任何目的论的解释。由于变分法是目的论的，就不能在更复杂的生命系统中应用，这样的观点是站不住脚的。然而，由于没有确定一般生态力，因而现有的基于变分方法对生命系统的描述都没有明确包含热力学力。通过流量网络对生态系统进行变分描述，看来是最富有成效的一种途径。

3　对象

万物都在流动。
赫拉克利特于公元前500年

3.1　普遍的流动

与大多数学科都关注探求和解释特定现象发生的根源不同,热力学主要强调对一般现象的定量描述,并不对现象追本溯源。热力学能独树一帜,总结出放之四海而皆准的自然规律,受到人们的顶礼膜拜当然不足为奇。然而,热力学的发展也并没有始终如一地朝原有方向前进。1930年以来不可逆热力学的发展应该偏离了热力学描述现象的主旨,因为需要引入力(即对事件的根源进行解释)才能描述接近平衡态的事件。在许多实际现象中,做功的力是模糊不清的。例如,什么力把老鼠送进狐狸口中?这就非常难描述。

相反,物质与能量的流动和转化非常普遍。如茶杯中的水、银河中的物质以一定的速度在运动,中子和spartina叶子也按照一定的速度衰变为介子和质子,分解成溶解有机物。事实上,早期热力学家主要关注过程的效率而不是确定力。一直到19世纪后期,热力学才开始偏离对流动过程的定量描述。有的人甚至认为,热力学描述具有一般性就是因为能从各种各样的实际变化中抽象出流量的概念。

即使不了解复杂系统内部相互作用的细节,利用一些反映流动速度的指标也能很好地评价系统的运行情况。国民生产总值(货币流)或河口的初级生产力是直接表征整个系统的流量指标,物体的温度和心跳速度是表征有机体内生物化学流动和液体平流的间接指标。

物质流和能量流能用来描述生态系统,也能用来描述自然界其余的变化。因此,物质和能量流是描述自然界的一种共同语言。基于生态流量的变化总结出的系统发展模式,由于使用的是共同的语言,也就可以非常直接地(有时技术上会非常困难)在宇宙中检验它的普适性。只要流量描述具有充分的一般性,就可能据此建立新的热力学原理。

具体而言,生态系统的发展模式(Odum,1971;Odum,1977)和经济、社会、政治、个体发生学、细胞甚至气象系统的发展模式(Boulding,1978;Corning,1983)非常相似,这说明肯定存在一种普适性的模式可以概括这些模式。Stent认为,在生态系统中可能比在其他学科中更易于阐述这个普适性的模式。如果真的如此,生态学家显然处于推进热力学发展的近水楼台上。生态学只有采用更严密的数学方法,才能取得重大进展。这是那些比较精通数学分析,稍微懂点生态学的科研人员常发的感慨。生态学确实需要加强与数学的结合,然而难道只有采用更严密的数学方法才能取得重大的进展吗?不!如果能促进处于物理学核心位置的热力学取得重大进展,生态学家同样也有机会扭转现在面对的尴尬局面。要取得这样的进展,不需要改进数学方法,需要的是普遍的视角——通过物质和能量流来描述生态系统。

　　幸运的是,过去 30 年生态学家一直在研究生态系统中的物质和能量流。这很自然,因为这本来就是生态学份内的事,生态学就是研究有机体之间以及有机体与它们的非生物环境之间的相互关系(Odum 和 Odum,1959)。除了有机体和种群本身外,生态学家的研究视野是否可以进一步扩展呢? 当然可以! 生态学家可以同样重视种群之间的物质和能量交换。通过测量一些显而易见的流量就很容易确定这些交换的数量。

　　从热力学角度描述生态系统要求描述结果具有普遍性,而大多数生物学描述要求尽可能唯一地区分所有观测的生命形式和过程,显然这两种方向是背道而驰的。用物质和能量流描述生态系统最终呈现的是张纷繁复杂的图片,表面上该图片是无序的,没有什么规律可循。然而忽略图片上的一些细节(只是有粗枝大叶的嫌疑),任何人有时都可以将它抽象整理成美丽的图片。因此绝对可以认为,用"粗略的"物质和能量流来描述生态系统动态(Engelberg 和 Boyarsky,1979),并不是否定生物学描述的价值或精神世界的重要性。多数人会认为,艺术家的文艺作品比他吃饭的能力更有价值。大家都能吃饭,那有什么价值呢。尽管如此,如果艺术家很长一段时间不吃饭,他就会死掉。对艺术家来说,他能吃饭是他所有的行为中最基本的事情。与此类似,对环境中的各种非物质刺激,生态系统成员的响应行为不仅复杂多样,而且还影响生态系统中物质和能量的交换模式。不管怎样,这些让人迷惑的行为都是由"自然"的流量网络决定的。系统发生学家观察到大量物种拥有的共同特征是最基本的特征,殊途同归,现象生态学家认为生态系统和余下世界的共同特性也是最基本、最重要的特征。

　　更高水平上的行为是从流量中衍生出来的,反过来它又可以调控流量。流量和行为之间存在自反的耦合关系,这说明对它们其中一个的描述就隐含了对另一个的描述。读者可以根据这种自反关系来理解本书理论开发所依据的一个基本前提,从热力学角度描述生态系统,只需要量化基础的物质和能量流网络。这个前提更一般的表达形式如下:物质和能量流网络能充分描述远离平衡态的系统。

3.2　描述流量网络

　　迄今为止,还未定义频繁出现的"网络"。简单讲,网络(图)是一些结点的集合,这些按一定顺序编排的结点通过大量的边连接在一起。边可根据连接的结点的名称来识别。弧是确定了起始结点和终止结点的边。有向网络(或有向图)只由结点和弧组成。路是按顺序排列的弧,其中一段弧的终止结点是这条路中下一段弧的起始结点。在简单路中,任何结点不会重复两次。简单循环是一种简单路,只是最后一段弧的终止结点与第一段弧的起始结点相同。不包含简单循环的网络是非循环的。每段弧都有赋值的网络是加权的网络。

例 3.1

　　图 3.1 描绘的是锥泉(Cone Spring)生态系统 5 个组分之间能量流动的网络(Tilly,1968;Williams 和 Crouthamel 未发表的手稿)。这是一个有向权重网络,结点序列 1 – 2 – 3

-4-5 描述的是一个简单路。图中简单循环有 5 个: 2-3-4-5-2, 2-3-4-2, 2-4-5-2, 2-4-2 和 2-3-2。

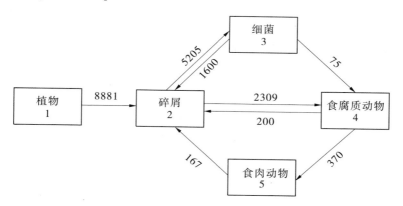

图 3.1 锥泉生态系统营养分室之间的能量交换网络示意图(Tilly, 1968)。流量单位: kcal m^{-2}a^{-1}。

所有弧起止于系统内结点的网络是封闭的网络。在开放的网络中, 总有一些弧起止于外部系统(即热力学的宇宙)。描述生命系统的网络通常是开放的, 因为活的生物必须与周围的环境交换物质和能量。

例 3.2

图 3.2 描述的是锥泉生态系统完整的能量交换网络。网络中的能量来自外部系统。指向外的箭头(没有终止于结点)表示对其他系统有用的出口, 例如碎屑中出口的部分能量。根据热力学第二定律, 每个结点都有能量耗散, 也就是说, 每个结点都会输出不能被其他结点利用的能量。这样的呼吸流在图 3.2 中用专门的接地符号表示, 后面图中接地符号的含义相同。

在生命科学中经常会遇到网络分等级的问题。在任何观测水平上, 都可以将一个结点分解为更低级层次的网络。例如, 图 3.2 中的食肉动物可以分解为相互之间有能量转移的物种, 依此每个物种又可以分解为群居组织中的有机体, 有机体又可以分解成器官或参与物质和能量交换的组分, 如此一直分解下去, 直到分子生物学范畴为止。

在研究自然系统中的增长或发展问题时, 研究人员容易将飓风和星系这样的事物看做不适合用网络描述的连续统一体。连续统一体方法在流体力学中确实非常有用, 但这并不妨碍将这些现象视为发展的网络。例如, 可将流量发生的空间区域划分为很多小的空间栅格单元(由于数值模拟技术盛行, 这种做法现在非常普遍), 将空间单元格作为与周围邻近单元格交换物质和能量的结点, 就可以形成流量网络。

一个国家的经济可用部门之间的商品流量表示, 这是非生物方面一个现实的流量网络例子。下面马上要介绍的定量技术就是以经济网络分析为基础的。

例 3.3

经济学家通常根据"部门"划分经济活动。理论上一个国家经济部门的分类可以涵

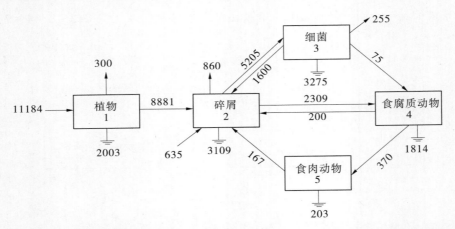

图 3.2　完整的锥泉生态系统能量流动（单位：kcal m^{-2}a^{-1}）示意图。始于空白处的箭头表示外界对系统的输入，止于空白处的箭头表示系统对外界的出口，接地符号表示耗散。

（引自：Ulanowicz, R. E.. Identifying the Structure of Cycling in Ecosystems.
Mathematical Biosciences. 1983 (65). 感谢爱思维尔出版社的再版许可。)

盖该国所有的公司，但实际上对经济的描述通常是采用相对简明的形式，即采用高度归并的部门汇总数据。如将经济高度归并为如下 7 个部门：(1)农业、林业、食品和烟草业；(2)能源；(3)采矿、采石和金属制品业(不包括化石燃料)；(4)设备制造业；(5)其他制造业；(6)建筑业；(7)贸易、通信和服务业。在对外贸易中，外部系统的投入表示进口，系统对外的有用输出表示出口。消费需求用生态系统中表示呼吸的接地符号表示。需要注意的是尽管采用的表示符号一样，严格来说消费需求并不等同于耗散。因为数据是高度归并在一起的，所以交换矩阵的连通性很高。

　　图 3.3 描述了波兰 1962 年的货币交换。宾尼法尼亚大学区域科学系提供了数据，Janusz Szyrmer 为作者解释了数据。图中货币流量的单位是百万兹罗提。

　　很多组织和结构的大尺度问题都容易描述成网络，如交通运输网、信息处理网和决策网。这些结构都包含人，而且具有相同的演化趋势。近期研究这些不同的结构衍生了一门新学科"认知学"。认知学是基于目的论的，难道就只能研究与意识有关的系统？功能生物系统(仿生学)的研究不就丰富了工程学吗。他山之石，可以攻玉。研究无思想但发展的生态系统，应该也能丰富社会学家对社会和政治系统发展的理解。

　　回到生态学领域，最近生态系统流量的研究取得了显著的成就。Eugene Odum (1953)依靠流量路径的多样性，讨论了提高生态多样性有助于实现系统动态平衡的原因，即任何一条路径受到的扰动影响可由平行的一系列路径上流量的变化所抵消(类似 LeChâtelier – Braun 原理)。MacArthur(1955)利用新兴的信息论中的指标测量了流量平行的程度。不幸的是，生态学家的研究焦点很快从流量的多样性转移到了物种的多样性上，以后的 15 年一直纠缠于物种多样性与系统动态平衡的关系。前几年注意力才又转回流量拓扑学，并把它作为描述生态系统发展最主要的方法。

　　流量分析主要专注于研究生态系统动力学中"自然"的介质。流量分析除了因此遭致反对外，还有另外两种反对意见。第一种反对意见是关于网络中结点的定义。用网络

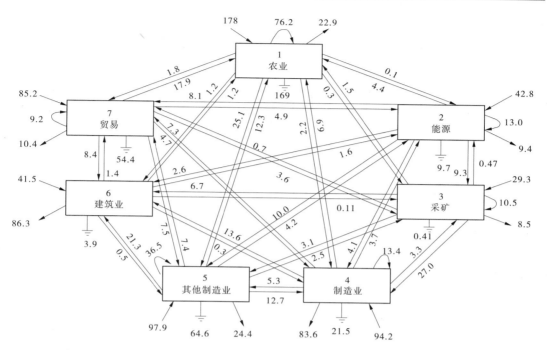

图3.3 波兰1962年部门之间的货币流量图。对外的输入和输出表示对外贸易。接地符号表示消费需求。

描述同一个生态系统中的物质和能量转换,不同的人选择的元素(结点)肯定不同。有些人认为要将每个物种作为一个结点;有些人认为可以将许多物种归并成一个结点,以便结点能代表如深海食腐质动物这样的营养级或大的功能群。实际上定义的结点大多数都是分辨率和系统简明性之间折衷的结果,没有一种定义方法是唯一的或绝对的,怎么能从这样的主观描述中得出强有力的结论呢?

如果像还原论那样去精确地探讨原因和结果,那么这个"归并问题"(Halfon,1979)的确会给研究带来很大的困难。然而,现象学方法并不关心具体详细的相互作用。只要描述的尺度足够大,无论在什么尺度上定义结点,像热力学原理这样的普遍现象原理都可以成立。不管是以星星还是天体中的气体作为研究结点,星系的熵都将增加。同样,生态系统水平上的流量组织原理也应该不受网络结点选择的影响。

要充分描述结点间的流量,是不是测量了很多不同的物质流呢?这个问题更难回答。不论何时、不论怎样选择结点,生态系统都只有一个能量交换网络。物质交换网络却不一样,它的数量取决于转移的化学元素的种类。从碳的流量网络中能反映所有的生态现象吗?是否还需要测量氮、磷、硅和其他微量元素的转移呢?如果不深入探究机理,就很难完整地描述流量。人们可以提出系统水平上的假说,然后检验可获得的流量数据与根据原理推断的结果是否一致。如果不一致,在拒绝假说之前,应该尽量收集其他物质流动的数据再次进行检验。由于同时处理几种网络在数学上比较复杂,这里暂假定基于单一介质的网络就足以描述系统。7.4节将讨论处理多种网络介质的研究方法。

例3.2中展示了生态流量网络中出现的4类流量:(1)系统内结点之间的流量;(2)从外部系统进口的流量;(3)对其他系统有用的出口流量;(4)对其他系统无用的耗散

流量。对任何 n 个组分的系统而言,第 1 种类型的流量最多有 n^2 个,其他 3 种类型的流量最多有 n 个。当系统的组分增多、流量增加时,用图形来表示网络非常不方便。此外,为便于数学分析,也需要用更抽象的方式来描述流量网络。考虑到上述原因,这里用 1 个 $n \times n$ 的矩阵和 3 个 n 维列向量来描述网络。

例 3.4

锥泉生态系统的网络图中(图 3.2)有 5 个结点和 8 个内部交换流量。假设 T_{ij} 表示室 i 流入室 j 的能量,易知 T_{ij} 是 5×5 的矩阵。

$$[T] \sim \begin{bmatrix} 0 & 8881 & 0 & 0 & 0 \\ 0 & 0 & 5205 & 2309 & 0 \\ 0 & 1600 & 0 & 75 & 0 \\ 0 & 200 & 0 & 0 & 370 \\ 0 & 167 & 0 & 0 & 0 \end{bmatrix}$$

令 D_i 表示外部系统对室 i 的输入流量,E_i 表示室 i 的出口流量,R_i 表示室 i 的呼吸流量。这样就可以得到 3 个 5 维列向量。

$$(D) \sim \begin{pmatrix} 11184 \\ 635 \\ 0 \\ 0 \\ 0 \end{pmatrix} \quad (E) \sim \begin{pmatrix} 300 \\ 860 \\ 255 \\ 0 \\ 0 \end{pmatrix} \quad (R) \sim \begin{pmatrix} 2003 \\ 3109 \\ 3275 \\ 1814 \\ 203 \end{pmatrix}$$

系统处于稳定状态是指每个结点总的输入流量与总的输出流量相等,或式(3.1)成立。

$$D_i + \sum_{j=1}^{n} T_{ji} = \sum_{k=1}^{n} T_{ik} + E_i + R_i \tag{3.1}$$

系统处于稳定状态时,采用流量分析非常简单。当系统不处于稳定状态时,也可用流量分析(Hippe,1983)。本章只讨论处于稳定状态的系统。

流量的拓扑结构与实际流量的大小无关,要真实反映流量的拓扑结构就需要对每个结点的流量标准化。这里采用结点的总输入流量或总输出流量作为标准化系数。

$$T_i' = D_i + \sum_{j=1}^{n} T_{ji} \tag{3.2}$$

$$T_i = \sum_{k=1}^{n} T_{ik} + E_i + R_i \tag{3.3}$$

稳定状态下,$T_i = T_i'$。T_i 和 T_i' 称为小室 i 的吞吐量或吞吐流量,描述了通过各小室流量的活动水平。有时小室的吞吐量和小室的存量之间几乎没有关系,生态系统中的微生物区系就是很好的例子。在微生物区系里,相对来说细菌的吞吐量很大,存量非常小。

系统的大小可以用所有流量的和表示,见式(3.4)。

$$T = \sum_{j=1}^{n} \sum_{i=1}^{n} T_{ij} + \sum_{i=1}^{n} (E_i + R_i) + \sum_{j=1}^{n} D_j \tag{3.4}$$

T 称为系统总吞吐量。将所有经济部门商品投入(D_j)加总得到的国民生产总值就是用流量量化系统大小的一个例子。

3.3 分析流量网络❶

既然已经确定了流量网络是从现象角度研究的对象,并概略地叙述了需要测量的流量类型,按理现在就可以开始介绍下一章阐述的循环和控制论。然而,太快可能影响读者理解。读者都习惯按精确的因果关系思考问题,连引起流量的热力学力都不涉及,难免会有敷衍了事的嫌疑。如果提都不提引起这些流量的力,那收集流量数据有什么意义呢?大部分人会从微观的角度提出这个问题。例如,结点 A 和 B 在怎样的条件下才能引起从 A 到 B 的流量?然而,本书是想让读者相信在宏观水平上提出流量长期存在的问题更好,也就是说,从 A 到 B 的流量对群落流量结构有什么作用才有利于流量的持续存在呢?

不从宏观的视角,从收集的有向流量数据中也可以推出一些有用的结论。例如,如果知道流量网络的拓扑结构,并假定介质的量子形态是不可区分的,那么就可以估计出从 A 到 B 的流量中外部系统输入流量的比率,或从 A 到 B 的流量在任一结点输出系统的比率。尽管只测量了直接流量,但可以估计网络结构中结点间的间接流量,这些间接流量有时还非常大(Patten,1985)。将每个流量视为生物营养链模型中的一个环节,通过网络结构就可以了解很多群落的营养链状况。因此,熟悉下面的微观流量分析方法,应该有助于读者增强对流量网络充分描述生态系统行为的理解。

流量分析需要采用线性代数方法,即矩阵和向量运算。由于经济学领域有丰富的商品流量数据,而且不要求解释流量背后的力,所以流量分析理论是从经济学领域中发展起来的。Hannon(1973)最先将"投入－产出"分析引入生态学。

流量分析的关键是建立每个小室的吞吐量和输出系统流量之间的关系。简单整理式(3.3)可得从小室 i 输出系统的流量,见式(3.5)。

$$E_i + R_i = T_i - \sum_k T_{ik} \tag{3.5}$$

定义单位矩阵$[I]$,矩阵元素为$\delta_{ik} = \begin{cases} 1, & 当 i = k \\ 0, & 当 i \neq k \end{cases}$

定义部分"供给"系数矩阵$[G]$,矩阵元素 $g_{ik} = T_{ik}/T_k$,表示从室 i 到室 k 的流量占室 k 总输入流量的比例。

利用上面定义的矩阵－向量符号可将式(3.5)重新表示为式(3.6)或(3.7)。

$$E_i + R_i = \sum_k (\delta_{ik} - g_{ik})T_k \tag{3.6}$$

$$(E) + (R) = \{[I] - [G]\}(T) \tag{3.7}$$

其中,(E)、(R) 和 (T) 分别表示元素为 E_i、R_i 和 T_i 的列向量。将式(3.7)中大括号内的矩阵简记为$[I-G]$,即列昂捷夫(1951)矩阵。对式(3.7)进行简单变换可得用输

❶ 3.3 节和 3.4 节为第 6 章的理论推导过程提供一些数学基础知识,对具体推导细节不感兴趣的读者可以略过此部分,这不会影响对后面推导的理解。

出表示的吞吐量,即式(3.8)。

$$(T) = [I - G]^{-1} \{(E) + (R)\} \qquad (3.8)$$

其中,矩阵 $[I - G]^{-1}$ 指矩阵 $[I - G]$ 的逆矩阵,经常称为投入结构矩阵(Hannon,1973),或列昂捷夫逆矩阵。该矩阵将每个小室的活动与系统最终出口和内部消费联系在一起。

例3.5

将例3.4中矩阵 $[T]$ 的列和分别与列向量 D 中对应的元素相加,可得锥泉生态系统各个小室的吞吐量。因为锥泉生态系统处于稳定状态,所以将矩阵 $[T]$ 的行和分别与列向量 (E) 和 (R) 中的对应元素相加也可以得到各个小室的吞吐量。

$T_1' = 0 + 0 + 0 + 0 + 0 + 11184 = T_1 = 0 + 8881 + 0 + 0 + 300 + 2003 = 11184$

$T_2' = 8881 + 0 + 1600 + 200 + 167 + 635 = T_2 = 0 + 0 + 5205 + 2309 + 0 + 860 + 3109 = 11483$

$T_3' = 0 + 5205 + 0 + 0 + 0 + 0 = T_3 = 0 + 1600 + 0 + 75 + 0 + 225 + 3275 = 5205$

$T_4' = 0 + 2309 + 75 + 0 + 0 + 0 = T_4 = 0 + 200 + 0 + 0 + 370 + 0 + 1814 = 2384$

$T_5' = 0 + 0 + 0 + 370 + 0 + 0 = T_5 = 0 + 167 + 0 + 0 + 0 + 0 + 203 = 370$

将矩阵 $[T]$ 中的列向量用对应的吞吐量 T_i 标准化,就可以得到 $[G]$ 矩阵。

$$[G] = \begin{bmatrix} 0 & 0.773 & 0 & 0 & 0 \\ 0 & 0 & 1 & 0.969 & 0 \\ 0 & 0.139 & 0 & 0.031 & 0 \\ 0 & 0.017 & 0 & 0 & 1 \\ 0 & 0.015 & 0 & 0 & 0 \end{bmatrix}$$

同样可以定义部分分配系数 $f_{ij} = T_{ij}/T_i'$,将其代入式(3.2)可得式(3.9)。

$$(T)' = [I - F^{T}]^{-1}(D) \qquad (3.9)$$

其中,矩阵 $[F]$ 是元素为 f_{ij} 的矩阵,F^T 指矩阵 $[F]$ 的转置矩阵。(本书中所有的向量均为列向量,因此著名的 Augustinovics(1970)矩阵 $[I - F]$ 是用它的转置形式 $[I - F^T]$ 表示的。)从式(3.9)可知,每个小室的吞吐量可以和外部系统的输入建立联系。Hawkins 和 Simon(1949)提出了保证列昂捷夫逆矩阵和 Augustinovics 逆矩阵存在的条件,这里标准化矩阵 $[F]$ 和 $[G]$ 的方式实际上已经确保它们能满足这些条件。

知道产出结构矩阵 $[I - F^T]^{-1}$ 后,非常容易追踪投入系统的单位流量产生的影响大小和影响路径。首先用合适的单位向量取代式(3.9)中的 (D)(从2.3节可知单位投入流量是强度量),再将单位向量右乘产出结构矩阵,即可得单位投入产生的吞吐量 $(T)'$。接着用矩阵 $[F]$ 反向标准化列向量 $(T)'$,就可得到内部的交换流量 T_{ij}。矩阵 $[F]$ 反向标准化列向量 $(T)'$ 是指用每行的 f_{ij} 分别乘对应的 T_i'。最后可以通过平衡关系确定系统总的输出量和呼吸量,再根据网络中各个小室输出量和呼吸量的比率将总量分配到各个小室。完成上述步骤,就追踪了投入单位流量产生的影响大小和影响路径。

例3.6

为了追踪向锥泉生态系统投入1个单位碎屑产生的影响,首先需要计算部分分配系数矩阵$[F]$。计算矩阵$[F]$的方法和例 3.5 中计算矩阵$[G]$的方法相似,不同的是这里用T'_i 标准化矩阵$[T]$的行向量(Patten 等,1976)。

$$[F] = \begin{bmatrix} 0 & 0.794 & 0 & 0 & 0 \\ 0 & 0 & 0.453 & 0.201 & 0 \\ 0 & 0.307 & 0 & 0.014 & 0 \\ 0 & 0.084 & 0 & 0 & 0.155 \\ 0 & 0.451 & 0 & 0 & 0 \end{bmatrix}$$

用矩阵$[F]$计算 Augustinovics 转置矩阵的逆矩阵如下:

$$[I - F^{\mathrm{T}}]^{-1} = \begin{bmatrix} 1.000 & 0 & 0 & 0 & 0 \\ 0.958 & 1.210 & 0.374 & 0.186 & 0.545 \\ 0.434 & 0.547 & 1.170 & 0.084 & 0.247 \\ 0.199 & 0.251 & 0.092 & 1.040 & 0.113 \\ 0.031 & 0.039 & 0.014 & 0.161 & 1.020 \end{bmatrix}$$

将这个产出结构矩阵左乘第二单位向量(第 2 行为 1、其他位置为 0 的列向量,注意碎屑的结点编号是 2)就得到单位投入产生的吞吐量。不难发现,得到的吞吐量与产出结构矩阵中的第二个列向量相等。

$$(T)'_2 = \begin{pmatrix} 0 \\ 1.210 \\ 0.547 \\ 0.251 \\ 0.039 \end{pmatrix}$$

将矩阵$[F]$的行元素分别乘$(T)'_2$中相应的吞吐量就得到该单位投入产生的交换矩阵。

$$[T] = \begin{bmatrix} 0 & 0 & 0 & 0 & 0 \\ 0 & 0 & 0.547 & 0.243 & 0 \\ 0 & 0.168 & 0 & 0.008 & 0 \\ 0 & 0.021 & 0 & 0 & 0.039 \\ 0 & 0.018 & 0 & 0 & 0 \end{bmatrix}$$

根据小室的平衡关系可求出每个小室的总出口量和呼吸量。例如,对小室 3(细菌)来说只有来自小室 2(碎屑)的 0.547 个单位的内部投入;有 2 个流向其他小室的输出,其中 0.168 个单位流向碎屑,0.008 个单位流向食腐质动物。根据平衡关系,呼吸和出口总共消耗 0.371 个单位。由图 3.2 可知,从小室 3 离开系统的能量中大约有 7% 是可用的,余下的 93% 被呼吸耗散掉了,根据这个比例系数可以估计出小室 3 中有 0.344 个单位被呼吸耗散掉,0.027 个单位直接流出系统。图 3.4 勾勒了向系统投入 1 个单位碎屑产生的影响大小和影响路径。

只要确定了单个投入的影响大小和路径,在假定流量介质均匀混合的条件下,就很容易估计出内部流量交换中单个投入所占的比例。在例 3.6 中,当能量随碎屑以 1 kcal m^{-2}a^{-1}的速度输入系统时,将引起食腐质动物的能量以 0.039 kcal m^{-2}a^{-1}的速度

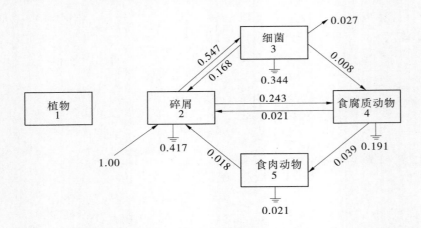

图3.4　锥泉生态系统投入1个单位的碎屑产生的影响大小和影响路径

流向食肉动物。同例中,如果能量以 1 kcal m^{-2}a^{-1} 的速度随初级生产者植物进入系统,经过同样的分析可得食腐质动物的能量以 0.039 kcal m^{-2}a^{-1} 的速度流向了食肉动物。实际上有 635 kcal m^{-2}a^{-1} 的碎屑进入系统,有 11184 kcal m^{-2}a^{-1} 的初级生产力进入系统,因此,由食腐质动物流向食肉动物的能量为 370 kcal m^{-2}a^{-1}。其中大约有 25 kcal m^{-2}a^{-1} 源于外部系统对碎屑的投入,345 kcal m^{-2}a^{-1} 源于植物生产。

　　简言之,可以用结构矩阵分析系统中的直接流量。然而,投入 - 产出分析中隐含了线性假设。在静态网络中,虽然可以估计任何流量的来源和去向,但不能根据线性迭加原理处理流量(或它的源或汇)的变化。

　　迄今为止,注意力还一直集中在直接流量的来源和去向上。其实,结构矩阵中还含有间接流量的信息。

　　为了明确这一点,了解[F]和[G]幂矩阵的含义非常有用。矩阵[F]中的元素代表从室 i(矩阵行指数)直接流入室 j(矩阵列指数)的流量占室 i 总吞吐量的比例。[F]^2 是矩阵 [F]自乘的结果,[F]^2 的第 i–j 元素❶表示由室 i 出发经过 2 阶路❷后流入室 j 的流量占室 i 总吞吐量的比例。类似地,[F]^m 的第 i–j 元素代表由室 i 出发经过 m 阶路后流入室 j 的流量占室 i 总流出量的比例。

例 3.7

　　图 3.5 这个简单网络的矩阵[F]如下:

$$[F] = \begin{bmatrix} 0 & f_{12} & f_{13} & f_{14} \\ 0 & 0 & f_{23} & f_{24} \\ 0 & 0 & 0 & 0 \\ 0 & 0 & f_{43} & 0 \end{bmatrix}$$

---

❶ i–j 元素指位于矩阵中第 i 行第 j 列的元素。(译者注)
❷ 2 阶路指流经 2 条弧,3 阶路指流经 3 条弧,依次类推,n 阶路指流经 n 条弧。(译者注)

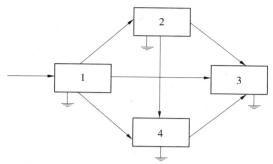

图3.5 假想网络中四个小室间的流量连接图

矩阵$[F]$自乘后可得：

$$[F]^2 = \begin{bmatrix} 0 & 0 & f_{12}f_{23}+f_{14}f_{43} & f_{12}f_{24} \\ 0 & 0 & f_{24}f_{43} & 0 \\ 0 & 0 & 0 & 0 \\ 0 & 0 & 0 & 0 \end{bmatrix}$$

图3.5中可以确定网络中恰好有4条2阶路，其中起点是1终点是3的路有两条（这解释了$[F]^2$的第1-3元素由两项组成的原因）。$[F]^2$再右乘$[F]$一次，结果为：

$$[F]^3 = \begin{bmatrix} 0 & 0 & f_{12}f_{24}f_{43} & 0 \\ 0 & 0 & 0 & 0 \\ 0 & 0 & 0 & 0 \\ 0 & 0 & 0 & 0 \end{bmatrix}$$

图3.5的网络中只有1条3阶路，即矩阵$[F]^3$中唯一非零的1-3元素表示的路。这条路起始于结点1，经过2和4，最后终止于结点3。矩阵$[F]$的更高阶幂矩阵元素都为零，这表明网络中不存在3阶以上的路。如果网络中不存在循环，在达到$[F]^n$（n为网络结点数）前矩阵$[F]$的幂矩阵总是不断删减的（随幂次越高，矩阵中零元素越多）。如果网络中存在循环，矩阵$[F]$的幂将形成一个无穷序列。

由室i经过所有的路流到室j的流量占室i吞吐量的比例是多少？加总矩阵$[F]$所有的幂矩阵就可以得到答案，见式（3.10）。

$$\sum_{m=1}^{\infty}[F]^m = [F] + [F]^2 + [F]^3 + \cdots \tag{3.10}$$

根据定义，$[F]$的元素$f_{ij} \leqslant 1$。因此，$\sum_{m=1}^{\infty}[F]^m$收敛于某个极限值。实际上，如果在式（3.10）的两边同时加上单位矩阵$[I]$（或$[F]^0$），式（3.10）可变换为式（3.11）。

$$[I-F]^{-1} = \sum_{m=0}^{\infty}[F]^m \tag{3.11}$$

从式（3.11）可知，这个极限值就是 Augustinovics 逆矩阵。

因此，如果将产出结构矩阵的对角线元素减去1后，矩阵的第i-j元素表示由室i通过所有可能路径流入室j的流量占T_i的比例。

同理可得式（3.12）。

$$[I - G]^{-1} = \sum_{m=0}^{\infty} [G]^m \qquad (3.12)$$

因此,当投入结构矩阵的对角线元素减去 1 以后,矩阵的第 $i-j$ 元素表示由室 i 通过所有可能路径后流入室 j 的流量占 T_j 的比例。

例 3.8

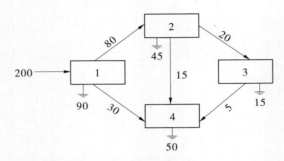

图 3.6　由四个小室组成的假想网络。单位不限。

下面描述图 3.6 所示的假想网络中固有的间接影响。图 3.6 的矩阵 $[G]$ 如下:

$$[G] = \begin{bmatrix} 0 & 1 & 0 & 0.6 \\ 0 & 0 & 1 & 0.3 \\ 0 & 0 & 0 & 0.1 \\ 0 & 0 & 0 & 0 \end{bmatrix}$$

可知投入结构矩阵 $[I-G]^{-1}$ 为:

$$\begin{bmatrix} 1 & 1 & 1 & 1 \\ 0 & 1 & 1 & 0.4 \\ 0 & 0 & 1 & 0.1 \\ 0 & 0 & 0 & 1 \end{bmatrix}$$

投入结构矩阵中各对角线元素减 1 可得:

$$\begin{bmatrix} 0 & 1 & 1 & 1 \\ 0 & 0 & 1 & 0.4 \\ 0 & 0 & 0 & 0.1 \\ 0 & 0 & 0 & 0 \end{bmatrix}$$

现在,矩阵中第 $1-2$ 元素的值为 1,这表明结点 2 只有源于结点 1 的投入。类似地,结点 3 的投入只来源于结点 1 和 2。尽管结点 4 只有 60% 的投入直接来源于结点 1,但显然结点 4 的投入完全依赖于结点 1,因为结点 4 的其他两个投入都直接或间接依赖于结点 1。这使 $[I-G]^{-1}$ 矩阵中第 $1-4$ 元素的值为 1。流入结点 4 的 $2-4$ 和 $3-4$ 流量都源于结点 2,正如结构矩阵中第 $2-4$ 元素显示的那样,结点 4 的投入中 40% 依赖于结点 2。最后,结点 4 的吞吐量中有 10% 依赖于结点 3。

当网络中存在循环时,列昂捷夫逆矩阵的对角线元素可能超过 1,这个数学特征在

4.3 节中将发挥很大的作用。

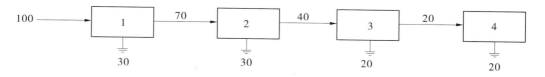

图 3.7 假想食物链上的流量

在图 3.7 所示的直链中,显然这条链的最后一个结点依赖于前面的所有结点。该直链的列昂捷夫逆矩阵具有如下特点,它最后一列的元素都是 1。最后一列各元素的和等于该链最后一个结点在食物链上的营养级数。事实上,矩阵中各列元素的和等于相应结点的营养级数。

$$[I - G]^{-1} = \begin{bmatrix} 1 & 1 & 1 & 1 \\ 0 & 1 & 1 & 1 \\ 0 & 0 & 1 & 1 \\ 0 & 0 & 0 & 1 \end{bmatrix} \quad (3.13)$$

列和   1   2   3   4

将这条直链的 $[I - G]^{-1}$ 矩阵和例 3.8 中的 $[I - G]^{-1}$ 矩阵相比,可以发现这两个结构矩阵的前 3 列都相同,但例 3.8 中第 4 列的列和值 2.5 比直链中的值 4 低 1.5,这表明例 3.8 中的结点 4 接收了更低营养级上结点的投入,结点 4 的投入有 60% 来自第 1 营养级(即它有 60% 的行为像处于第 2 营养级的草食动物),30% 来自第 2 营养级,10% 来自第 3 营养级。因此,结点 4 的等价营养级是 2.5(0.6×2 +0.3×3 +0.1×4 =2.5)。

投入结构矩阵的列和能反映相应网络结点的营养位,这绝非偶然。Levine(1980)经过严密的证明指出列昂捷夫逆矩阵的列和正好等于相应结点的营养级。(这里的"营养"是广义上的,它包含食碎屑、食腐等过程。)据此可以计算任意复杂网络中物种的等价营养级。等价营养级数值的重大变化或他们相对顺序的变化,通常可以作为生态系统对压力的一个响应指标。

例 3.9

要确定锥泉生态系统中各小室的等价营养级,首先需要像例 3.5 那样计算矩阵 $[G]$。

$$[G] = \begin{bmatrix} 0 & 0.773 & 0 & 0 & 0 \\ 0 & 0 & 1 & 0.969 & 0 \\ 0 & 0.139 & 0 & 0.031 & 0 \\ 0 & 0.017 & 0 & 0 & 1 \\ 0 & 0.015 & 0 & 0 & 0 \end{bmatrix}$$

通过矩阵运算后可得到列昂捷夫逆矩阵。

$$[I-G]^{-1} = \begin{bmatrix} 1 & 0.933 & 0.933 & 0.933 & 0.933 \\ 0 & 1.210 & 1.210 & 1.210 & 1.210 \\ 0 & 0.169 & 1.170 & 0.201 & 0.201 \\ 0 & 0.039 & 0.039 & 1.040 & 1.040 \\ 0 & 0.018 & 0.018 & 0.018 & 1.020 \end{bmatrix}$$

对投入结构矩阵的各列求和,就得到了实际营养级——植物是 1、碎屑 2.37、细菌 3.37、食腐质动物 3.4、食肉者 4.4。(由于系统中存在循环流,这些营养级都超过了预期的整数值。)

Levine 用矩阵 $[G]$ 计算了各物种的营养级组成情况。也可以将这个过程反过来,分析不同营养级上物种的组成情况(Ulanowicz 和 Kemp,1979)。这说明可以把网络转化成 Lindeman(1942)的直线连接的营养级。

下面详细说明如何归并物种的营养级,即分析营养级上物种的组成情况。首先用各小室的外部系统投入量除以各自的吞吐量($\delta_i = D_i/T_i$),得到各小室具体的物种属于"初级生产者"的比例份额(读者可参考例 3.8 的解释理解),也就是各物种的行为有多大的比例份额是属于第 1 营养级的。接着定义元素为 δ_i 的向量为(d_1),用矩阵 $[G^T]$ 左乘(d_1)得到各物种接受源于第 1 营养级的流量占各自总吞吐量 T_i 的比例,即第 2 营养级上的物种通过 1 阶路径接收的流量占各自总吞吐量的比例。定义这个比例向量为(d_2),见式(3.14)。

$$(d_2) = [G^T](d_1) \tag{3.14}$$

依次类推,第 3 和第 m 营养级上各物种的比例份额可由式(3.15)、式(3.16)求出。

$$(d_3) = [G^T]^2(d_1) \tag{3.15}$$

$$(d_m) = [G^T]^{m-1}(d_1) \tag{3.16}$$

如果网络中不存在循环,矩阵 $[G]$ 的幂矩阵经过 $n-1$ 次或更少的次数就会被截断(变成 0)。如果存在循环,随 m 的增加矩阵(d_m)的值可能会非常小,以至于需要 m 取值很大才能截断幂矩阵。幸运的是,生态系统中直接营养转移的平均数量通常很小(Pimm 和 Lawton,1977)。

知道了归并营养级上物种的组成比例,接下来将网络转变成直链系统。

定义一个 $m \times n$ 维的营养转移矩阵 $[M]$,该矩阵的第 i 行为 $(d_i)^T$,将等式(3.1)写成矩阵 – 向量形式,见式(3.17)。

$$(D) + [T]^T(1) = [T](1) + (E) + (R) \tag{3.17}$$

上式中(1)是元素值均为 1 的 n 维列向量,矩阵 $[T]$ 是先前定义的内部转移矩阵。用矩阵 $[M]$ 左乘式(3.17)可得式(3.18)。

$$[M](D) + [M][T]^T(1) = [M][T](1) + [M](E) + [M](R) \tag{3.18}$$

上述等式表明,对于非循环网络式(3.19)成立。

$$[M]^T(1)^* = (1) \tag{3.19}$$

式(3.19)中 (1)* 是元素值均为 1 的 m 维列向量。当 m 取值比较大时,等式(3.19)对存在循环的网络仍然近似成立。因此式(3.18)可以重新写成 m 维的系统,见式(3.20)。

$$(\mathscr{I}) + [\mathscr{T}]^T(1)^* = [\mathscr{T}](1)^* + (\mathscr{E}) + (\mathscr{R}) \tag{3.20}$$

其中：

$$[\mathscr{T}] = [M][T][M]^T \tag{3.21}$$

$$(\mathscr{I}) = [M](D) \tag{3.22}$$

$$(\mathscr{E}) = [M](E) \tag{3.23}$$

$$(\mathscr{R}) = [M](R) \tag{3.24}$$

由于矩阵$[\mathscr{T}]$中次对角线上的元素值不相等,其他地方的元素也不是 0,因此式(3.20)并不表示严格的直链系统。然而,由于矩阵$[\mathscr{T}]$中沿次对角线的分块阵是对称阵,因此用式(3.20)可构建与直链系统等价的连接链条系统。用向量$(\mathscr{I})$的列和表示第 1 营养级的投入,矩阵$[\mathscr{T}]$第 i 行的行和表示营养级 i 对下一个营养级的输出,向量$(\mathscr{E})$和$(\mathscr{R})$中的第 i 个元素表示营养级 i 上的出口和耗散量,如此就实现了小室 i 的平衡,也就完成了等价链条的转换工作。

例 3.10

计算图 3.6 所示网络的营养转移矩阵$[M]$,首先像例 3.8 那样计算矩阵$[G]$的转置矩阵。

$$[G^T] = \begin{bmatrix} 0 & 0 & 0 & 0 \\ 1 & 0 & 0 & 0 \\ 0 & 1 & 0 & 0 \\ 0.6 & 0.3 & 0.1 & 0 \end{bmatrix}$$

然后标准化投入向量。

$$(d_1) = \begin{pmatrix} 1 \\ 0 \\ 0 \\ 0 \end{pmatrix}$$

将矩阵(d_1)的转置作为矩阵$[M]$的第 1 行。(d_1)右乘$[G^T]$得到矩阵(d_2),转置后作为矩阵$[M]$的第 2 行。

$$(d_2) = [G^T][d_1] = \begin{pmatrix} 0 \\ 1 \\ 0 \\ 0.6 \end{pmatrix}$$

依次类推,可得矩阵(d_3)和(d_4),转置后作为矩阵$[M]$的第 3 行和第 4 行。

$$(d_3) = [G^T][d_2] = \begin{pmatrix} 0 \\ 0 \\ 1 \\ 0.3 \end{pmatrix}$$

$$(d_4) = [G^{\mathrm{T}}][d_3] = \begin{pmatrix} 0 \\ 0 \\ 0 \\ 0.1 \end{pmatrix}$$

将 (d_1)、(d_2)、(d_3)、(d_4) 转置后形成矩阵 $[M]$。

$$[M] = \begin{bmatrix} 1 & 0 & 0 & 0 \\ 0 & 1 & 0 & 0.6 \\ 0 & 0 & 1 & 0.3 \\ 0 & 0 & 0 & 0.1 \end{bmatrix}$$

矩阵 $[M]$ 的行向量描述了营养级上各物种的组成情况,由此可知算例中的第 3 营养级是由整个小室 3 和 30% 的小室 4 组成。矩阵 $[M]$ 的列向量描述了各小室中营养级的组成情况,算例中小室 4 有 60% 属于第 2 营养级,30% 属于第 3 营养级,10% 属于第 4 营养级。

利用矩阵 $[M]$ 可以变换得到等价的营养直链。矩阵 $[M]$ 左乘吞吐量向量 (T) 可以得到直链中每个小室的投入。

$$\begin{bmatrix} 1 & 0 & 0 & 0 \\ 0 & 1 & 0 & 0.6 \\ 0 & 0 & 1 & 0.3 \\ 0 & 0 & 0 & 0.1 \end{bmatrix} \begin{pmatrix} 200 \\ 80 \\ 20 \\ 50 \end{pmatrix} = \begin{pmatrix} 200 \\ 110 \\ 35 \\ 5 \end{pmatrix}$$

矩阵 $[M]$ 左乘 (R) 得到各小室的呼吸消耗量。

$$(\mathscr{R}) = [M](R) = \begin{pmatrix} 90 \\ 75 \\ 30 \\ 5 \end{pmatrix}$$

在这个例子中没有对外部系统的输出,即使有也可以像计算呼吸量那样处理。图 3.8 是计算得出的与图 3.6 等价的直链网络。

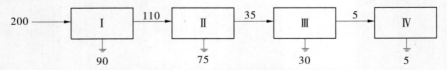

图 3.8　与图 3.6 所示网络等价的营养转移直链网络

例 3.11

Steele(1974)估计了北海生态系统 10 个组分之间的能量流动。与图 3.9 对应的营养转移矩阵的计算同例 3.10。

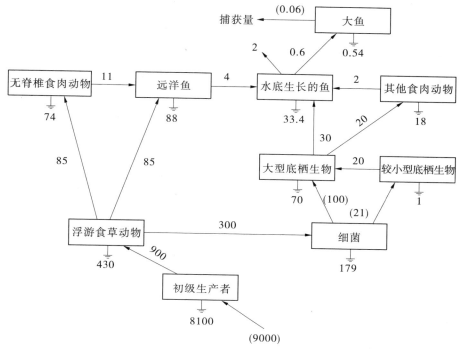

图 3.9　北海食物网中的流量（kcal m^{-2}a^{-1}）（Steele,1974）。
感谢哈佛大学出版社的再版许可。

$$[M] = \begin{bmatrix} 1 & 0 & 0 & 0 & 0 & 0 & 0 & 0 & 0 & 0 \\ 0 & 1 & 0 & 0 & 0 & 0 & 0 & 0 & 0 & 0 \\ 0 & 0 & 1 & 0.885 & 1 & 0 & 0 & 0 & 0 & 0 \\ 0 & 0 & 0 & 0.115 & 0 & 0.099 & 0.833 & 1 & 0 & 0 \\ 0 & 0 & 0 & 0 & 0 & 0.707 & 0.167 & 0 & 0.833 & 0.099 \\ 0 & 0 & 0 & 0 & 0 & 0.185 & 0 & 0 & 0.167 & 0.707 \\ 0 & 0 & 0 & 0 & 0 & 0.009 & 0 & 0 & 0 & 0.185 \\ 0 & 0 & 0 & 0 & 0 & 0 & 0 & 0 & 0 & 0.009 \\ 0 & 0 & 0 & 0 & 0 & 0 & 0 & 0 & 0 & 0 \\ 0 & 0 & 0 & 0 & 0 & 0 & 0 & 0 & 0 & 0 \end{bmatrix}$$

采用与例 3.10 同样的计算方法可计算得到等价直链,见图 3.10。

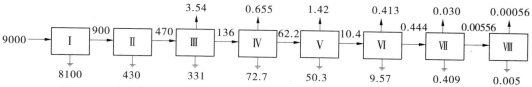

图 3.10　北海食物网（图 3.9）等价的营养转移直链网络,流量单位:kcal m^{-2}a^{-1}。

最后,可以对结构矩阵进行灵敏性分析,以此估计任何小室或流量的微小变化对网络其余部分的影响。通过这个分析,可能确定网络中潜在的控制链。关于灵敏性方法的细节,读者可以参考 Bosserman(1981)。

3.4　不循环的存量与流量

尽管投入－产出分析有很多优点,但仍不足以说明利用流量网络就可以充分描述非平衡态系统。当然,经济投入－产出分析也受到了很多批评(Georgescu－Roegen,1971)。批评并不是集中在投入－产出分析忽视力上,而是集中在资本积累是否是经济事件发生的主要原因上。前面介绍的流量分析也没有考虑这种不循环的存量。

可以通过下面两种方式来阐述存量的问题。第一,像 Patten(1982)引领的模式那样,模糊存量和流量的区别。假设在时刻 t 和 $t+\theta$,小室的状况不同。假设单位时间的流量为 T_{ij},在有限的时间间隔 θ 内,将有 θT_{ij} 单位的介质从室 i 流向室 j。时刻 t 小室 i 中一定数量的介质(S_i),经历时间间隔 θ 后没有发生变化,仍然停留在小室 i 中。将小室 i 不循环的存量加到总量转移矩阵 $[T]_{\theta}$ 的对角线元素 θT_{ii} 上,标准化转移矩阵的行或列可以得到矩阵 $[F]_{\theta}$ 和 $[G]_{\theta}$。这样对任意时间间隔 θ 都可以进行投入－产出分析。如果系统处于稳定状态,当时间间隔无限长时,$[F]_{\theta}$ 和 $[G]_{\theta}$ 将逼近 $[F]$ 和 $[G]$。这样处理有效地使不循环的存量发生了位置转移。

例 3.12

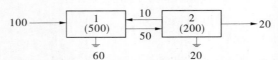

图 3.11　两个假想系统组分间物质流动形成的初级网络。
流量的单位是质量/时间,方框内的数值表示存量。

图 3.11 中有两个系统组分的初级网络处于稳定状态。小室 1 的存量为 500 个单位,小室 2 为 200 个单位。可计算得到内部流量矩阵 $[T]$ 和部分供给系数矩阵 $[G]$ 如下。

$$[T] = \begin{bmatrix} 0 & 50 \\ 10 & 0 \end{bmatrix}, \qquad [G] = \begin{bmatrix} 0 & 1 \\ 0.091 & 0 \end{bmatrix}$$

经过 3 个时间单位后,系统中有 150 个单位的流量从小室 1 直接流向小室 2,30 个单位的流量从小室 2 流向小室 1。假定该流量系统是线性系统,经过 3 个时间单位后小室 1 原来 500 个单位的存量还剩 258 个单位,小室 2 原来 200 个单位的存量中还剩 94 个单位。在时间间隔 $\theta=3$ 时,总量转移矩阵 $[T]_{\theta}$ 和相应的 $[G]_{\theta}$ 如下。

$$[T]_{\theta=3} = \begin{bmatrix} 258 & 150 \\ 30 & 94 \end{bmatrix}, \qquad [G]_{\theta=3} = \begin{bmatrix} 0.439 & 0.615 \\ 0.051 & 0.385 \end{bmatrix}$$

下面这个问题留给读者作为练习,证明当 $\theta \to 0$ 时,$[G]_{\theta} \to [I]$;当 $\theta \to \infty$ 时,$[G]_{\theta} \to [G]$。

第二种方法是描述当存量变为流量时引起的后果,这也许是解释存量影响的最佳方法。动态网络的处理方法将在第 7 章介绍。这里可以得出下面的结论：存量能改变小室投入和产出之间的相变关系。因此，描述网络中不同流量之间的相位关系时，已经包含了存量的影响。

3.5　小结

相比热力学力，过程或流动更基础而且更好理解。现在看来，大多数教科书确实轻描淡写了他们在热力学早期发展中的作用。几乎所有学科中流动都是一种普遍现象，所以用流量网络可以描述许多研究对象。因此，通过描述流量网络的演化很可能得出增长与发展的普遍原理。

长期以来，流动和转移一直受到生态学家的关注。在生态学的定义中就包含流动和转移的内容，加上近期阐述生态系统中的流动过程又是生态学研究的重点领域，因此形成自然网络发展的普遍原理，生态学肯定大有用武之地。

所有生命生存都必须与外界交换物质和能量。严格来说，单依据流量还不足以描述生命系统增长与发展的所有方面。尽管如此，我们也不能忽略下面的事实。在生命体的行为与基本的物质和能量转移之间通常存在密切的反馈联系，这说明在流量网络的描述中很可能隐含了更复杂的现象规律。正是考虑到这一点，本书采用了下面的基本假设前提：利用物质和能量流网络可以充分描述生态系统或其他远离平衡态系统的增长与发展现象。

生态系统中的流量可以用网络图来描述，这些网络是由基本的简单路和简单循环组成的有向权重图。生态系统中的流量可以分为 4 类：①外部系统的投入；②系统内各组分之间的转移；③系统输出的有用介质；④耗散后变得不可用的介质。这种分类方法不仅适用于描述生物等级体系中（从细胞器官到生物圈）各个层次上的流量，而且也适用于描述许多非生物系统，如经济组织、流体动态、气象状态的复合体、交流网络（人类和非人类的）、运输网络、信息处理网络和政府那样的分布式决策机构等。

将网络流量用矩阵和向量（维数等于网络结点数）中的元素表示，就可以用线性代数研究稳定状态网络的许多微观属性：①使用经济投入 – 产出分析方法量化系统中任意两个流量之间的相互关系；②测量每个物种实际的营养级；③分析营养级上物种的组成情况；④假设流量系统是线性系统，通过灵敏性分析查找网络中最脆弱、最具可控性的链接。

表面上看，流量分析忽视了存量的影响。实际上，只要采用的流量描述方法合适，无论分析的是稳定状态的系统，还是动态变化的系统，分析中都可以考虑存量的影响。

4　媒介

"……事件的起因错综复杂。我们分析的现象不会只有一个原因。"

列夫.托尔斯泰
《战争与和平》第Ⅱ部的结语

4.1　循环和自主行为

　　上一章差不多没有涉及生命网络中的循环,是循环无关紧要吗? 不,循环是一种能强烈影响整个网络结构的媒介,我们需要对它给予特别关注。在某种程度上,需要将流量循环看做独立于它们组分的结构才能理解循环的这种作用。然而,由于会涉及与循环逻辑相似的自反推理,所以证明循环处于自主状态是一项棘手的工作。就像自然界不存在真空一样,逻辑里面也不应该存在循环。实际上,大多数推理过程都是按明确的路径进行的,如从前因到后果,从力到引起的变化。循环推理把原因和结果混为一谈,难免会混淆视听。因此,人们通常会避免循环推理。在世人的眼中,那些循环推理的人大多有点异样,人们即使不觉得他的心理有问题,也会觉得他的推理能力有问题。

　　既然如此,为什么还要去描述事件的循环结构呢? 描述事件的整体结构很容易犯循环推理的错误。例如,图4.1是一个理想的因果循环示意图。A 直接引起 B,B 直接引起C,C 直接引起 D,最后 D 直接引起 A(Hutchinson,1948)。结果是 A 完全由以前的 A 引起,怎么解释呢? 确实有点让人为难。然而,研究简单的子系统一般很容易避开上述因果循环问题。如图 4.2 所示的线性因果链,系统结构清晰明了,B 是最初的原因,D 是最后的结果。这应该也是因果分析流行的原因。

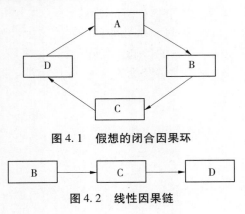

图4.1　假想的闭合因果环

图4.2　线性因果链

作为一种选择,因果关系的追随者经常分析循环的组分如C,或详细分析像B到C的转化这样的双边关系。生态模型中就经常用B指向C的箭头代表氮或其他要素的流动。如果有理由定量描述B到C的流量,那么就可能据此描述更大的系统。例如,C捕食B的行为与可捕食的B的数量一起,就可以定量描述B到C的流量,以此为基础还可以形成能描述更大系统的Lotka – Volterra或Michaelis – Menten函数。目前通常采用以下几个步骤描述系统行为。首先详尽描述所有的双边相互作用,然后用选择的系统配置法则(通常是能量或物质守恒)将这些相互作用组合起来,接着对组合的相互作用进行模拟,最后希望模拟结果能描述组合系统的行为。如果模型结果不能充分描述系统行为,通常的做法是寻找更精确的(即还原论意味更浓的)模型来重复前面的分析过程。

上述绝对的还原论分析方法尽管很流行,但其中潜伏着一个问题,即可能会忽略循环(作为一个单元)的自主属性。系统的自主行为可能并非由外部原因引起,形式上图4.1所示的因果环是完全自主的,没有任何系统外的投入(原因或力)。不管用怎样的方式拆散环,得到的都是图4.2这样的非自主子系统。

读者可能会提出这样的反对意见,"自主是假象,循环的任何组分受到微小的扰动都会对因果循环有影响"。事实确实如此,至少在短时间内是这样,但在更长的时间尺度上,循环也会影响它的组分,也就是上述反对意见的逆命题也成立。例如,图4.1展示的是一个正反馈循环,增加A到B的流量将会引起B到C的流量增加,依次也会引起C到D的流量增加,如此继续下去最终会形成永无止境的循环(即Eigen的超循环,1971)。增加循环中的任何流量都会自我加强,减少循环中的任何流量却得不到加强。这种棘轮效应可以产生一种调整循环组分的"选择压力"(也可参见Wicken,1984)。

短期内循环产生的选择压力并不明显,因为生物系统中的反馈很少有瞬时的,通常都需要经历一段时间。至少要等事件的影响经历一次反馈环,才可能察觉事件是自身发生的原因。这表明只有时间间隔超过循环周期时,自主行为和相应的选择压力才会表现出来。对于有多个反馈环的系统,观察时间肯定要超过最慢反馈环的循环周期。

至此,针对前面的讨论,读者可能提出两个强有力的反对意见。第一,理想的因果循环(如图4.1)是不切实际的。现实中不存在没有外部原因(输入)的因果结构,也不存在没有损失的转移。现实中的流量循环更像图4.3所示的那样。

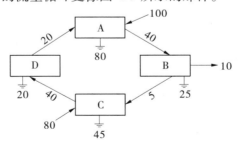

图4.3 合乎逻辑的假想物质流量循环(单位任意),每个结点都存在损益。

尽管孤立的理想循环不存在,但这并不表示它们不能嵌在现实的结构中。例如,图4.3所示的网络就可以分解为一个完全非自主的系统和一个理想的循环(如图4.4所示)。

实际上,图4.4只是从概念上将图4.3分解成了循环和直链。需要强调的是,循环和

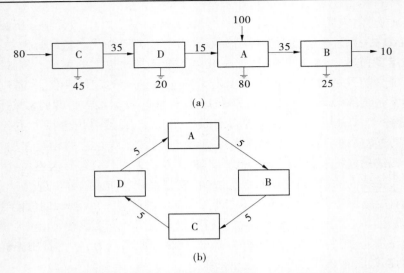

图 4.4　将图 4.3 所示的网络分解为直链(a)和封闭循环(b)

直链的行为都对图 4.3 这样的复合网络有影响。这就是说,不只是水流(图 4.4(a)直链上的水流)推动水车(图 4.4(b)中的循环)旋转,旋转的水车也推动水流动。换句话说,如果不与正反馈(图 4.4(b))耦合的话,通常非自主的直链(图 4.4(a))中没有水流。即使有水流,也只能是在地势有落差的情形下产生。虽然理想循环不能单独存在,但只要与非自主性或自主性较差的结构耦合在一起,它们固有的属性也会显现出来。

　　第二种反对意见是理想循环中的正反馈可能无止境地持续下去。在理想循环中,正反馈可能使系统不稳定。因为不管增加环上哪条边的流量,都会毫不减弱地流回来,如此循环下去,流经该边的流量会呈螺旋式上升,结果会趋于无限。(任何正反馈都会使纯粹的线性系统不稳定。20 世纪 70 年代早期,流行采用线性分析方法分析生态系统的稳定性,生态系统中正反馈的想法确实没有市场。)然而,刚才已经指出没有孤立存在的理想循环,它们通常嵌在耗散网络中,因此第二种反对意见无法成立。

　　通常耗散会减弱循环的信号,如减少循环的流量,淡化事件的起因。众所周知,生态系统是高耗散系统,有时营养级间的能量或碳转化效率只有 10% 甚至更少。尽管在高效系统中,正反馈很可能是病态的,但在耗散强度大的系统中,正反馈将在一定的范围内变化。事实上,在耗散强度大的环境下,正反馈是维持系统结构的唯一有力机制。在耗散强度小的环境下,正反馈很可能是病态的;但当系统远离平衡态(即耗散强度比较大)时,对系统结构的形成来说,正反馈即使不起主导作用,也有推动作用。

　　正反馈会破坏系统稳定,这是分析循环周期很短的循环时得出的结论。如果循环中存在明显的时间滞后,正反馈的实际效应取决于信号返回初始点时的相位调整。如果相位调整合适,正反馈实际上有助于系统稳定(与 Nisbet 的个人交流)。

例 4.1

　　正反馈不仅可以改变组分的特征,还可以选择新的组分替代现有组分。在图 4.3 的基础上,新增了一个迁入或突变的物种 E,E 没有对外部系统的出口(图 4.5(a))。在系统不发生其他变化(一种保守的假设)的条件下,如果 E 将介质从 A 传输到 C 的效益要略高于 B,即使最初 E 只从 A 汲取了极少量的介质 ε,那么随着时间的推移,E 从 A 汲取的介质会逐渐增多,并最终取代循环中的 B(图 4.5(b))。

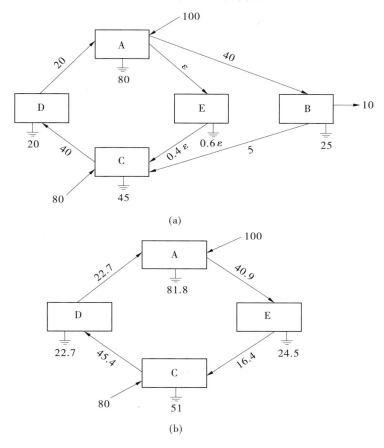

图 4.5 反馈环中的组分 E 取代了图 4.3 中的组分 B。
(a)新物种 E 进入网络。(b)E 完全取代了 B。

图 4.5(b)与图 4.3 相比反馈环还在,只是 E 取代了 B。通常认为,是 A、E 和 B 之间的相互作用关系使 E 取代了 B,但从整个系统的尺度来看,显然是 E 在整个反馈环中的作用使 E 取代了 B。据此,可以想象 A、C 和 D 也被其他物种取代,这样尽管环还在,但环上最初的组分都消失了。

尽管从环上消失的组分仍可能对循环有影响,但它们不可能完全决定循环接下来的"行为"。在一定程度上,循环的行为与以前的组分无关,也就是说循环的行为是自主的。重要的是,自主行为不只受外部因素的影响,也受系统整体结构的影响。偶然因素会引起系统结构发生一些变化,系统的整体结构可以影响选择与哪些变化一起形成新的结构,并反映在循环系统以后的行为中。

图 4.5(a)展示了上面的选择过程,图 4.5(b)展示了选择结果。新组分 E 取代 B 使输入到 C 的流量增加了 11.4 个单位,由于存在循环,这种变化会影响系统后面的行为。

由于图 4.5(b)所示的循环是高耗散的,最后经过耗散流入 A 的流量只增加了 2.7 个单位。

一旦出现正反馈循环,它就会表现出一定的自主性。除非有强干扰使循环消失,否则循环结构和循环组分之间的关系就会像铁打的营盘与流水的兵一样,循环的结构将一直存在,变化的只是循环的组分。现在看来,正反馈循环是自主行为的基础。

4.2　自主行为和整体描述

循环具有自主行为,这使系统的"整体"描述焕发出生机和活力。整体描述重在描述系统水平上的性质,而不是彻底描述所有的组分(前面提到的还原论模型采用的做法)。通过对系统的整体描述,系统的某些属性会彰显出来,一些以前未察觉的行为也会显现出来。这个论断有点抽象,因此难免会有许多谨慎的科学家怀疑甚至轻视采用整体论的方法。

第 2 章中已经指出,微观上(从分子的角度)不容易察觉压力、温度等属性,在日常生活中人们却对之习以为常。为什么呢? 这是由于扩大观察范围,更容易察觉到一些因果循环表现出来的行为。既然如此,那是否可以认为自主行为是更大系统具有的性质呢? 是的,下面举例来说明。假设在各种观测尺度上都存在正反馈环,开始划定的系统边界是现象发生的部分范围。在划定的系统边界范围内,通过分类总结系统的行为和各种跨越系统边界的影响,研究人员希望能分析现象发生的因果关系。如果碰巧最初划定的系统仅包含反馈环的一部分,那么诊断得到的就是一种线性的因果路径。即系统的行为是严格非自主的(如图 4.2),取决于外部影响因素的作用。如果扩大系统边界,使整个反馈环都包含在内(见图 4.6),这时可以发现整个环的行为不完全取决于外部影响因素(即至少是半自主的,系统的行为里包含了反馈环的影响)。扩大观测系统的范围就会"出现"半自主行为。继续扩大系统的边界,观测系统范围内将包括更多的反馈环,从而也可以揭示更多的自主行为。扩大系统的范围弱化了外部影响因素的作用,强调了自主行为(间接影响)的重要性(与 Pattern 个人交流)。

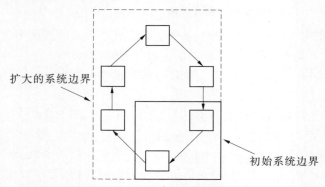

图 4.6　扩大范围后包含整个反馈环及共存的因果循环的
系统,该系统具有自主行为。

　　如何划定一个系统的边界,不同的研究人员有不同的方法。如果在研究领域的所有尺度上,因果环是均匀分布的,那么无论怎样划分系统边界,结果都不会有多大的区别。如果因果环集中在某个尺度上(事实常常如此),那么在尽量不拆开因果环的前提下,划分同心的系统边界就比较恰当。据此可以定义等级系统(Webster,1979),如细胞、器官、有机体、种群、生态系统等。沿着生物体表面划定的系统边界,可以包含大部分控制环。显然,这比边界从生物体中央或两个脑半球之间通过,要少做很多分类系统行为、记录外部影响的工作。更重要的是,一个生物通常比半个生物体更具有自主性。

　　从上面对自主行为的解释来看,生物学中正流行的一些观点非常不合时宜,有时甚至会起反作用。例如,新达尔文学说认为,讨论种群以上尺度事物的进化或发展是荒谬的。尽管有人承认两个种群可以协同演化,但几乎没有人公开承认整个生态系统也可以经历一些类似发展的事情。因此,生物学家普遍认为必须严格按照种群划分系统边界。然而种群是在含有正反馈循环的网络中交换物质和能量,如果严格限制系统的边界,肯定会拆散这些直接循环(Patten 和 Odum,1981)。

　　在划分系统边界方面,生物学家怎么会是这样一种态度呢,个中缘由确实让人费解。可以肯定,他们不是为了捍卫达尔文理论。达尔文主义者非常重视研究环境的适应性。众所周知,种群中生物参与的生物地球化学循环只是该种群生物所处环境的一部分。种群中生物所处的环境还包含与其他种群之间的相互作用。将系统边界从种群扩大到群落上,量化群落的自主性,显然可以加深对适应性的理解。

4.3　流量网络中循环的数量[1]

　　尽管从定性的角度还可以进一步探讨循环在系统行为中的重要性,但最终讨论都要转到定量描述上,这样逻辑结构才会清晰明了。3.3 节已说明利用投入 - 产出方法可以详细分析直接流量网络。除此之外,投入 - 产出分析还可以估计总吞吐量中参与循环的比例(Finn,1976,1980;Patten 等,1976)。

　　标准化直接转移矩阵$[T]$的每个流量可以得到矩阵$[F]$,这里标准化是指将每个流量除以输出该流量小室(物种)的吞吐量。换句话说,矩阵$[F]$的第 i-j 元素表示室 i 的吞吐量中直接流入室 j 的比例。读者应该还记得,矩阵$[F]^m$的第 i-j 元素表示从室 i 经过 m 阶路后流入室 j 的流量占室 i 吞吐量的比例,矩阵 $[F]^m$ 对角线上的非零元素表示经过 m 阶路后返回室 i 的流量占室 i 吞吐量的比例。加总矩阵$[F]$的所有整数幂矩阵(包含零次幂矩阵或单位矩阵)可以得到产出结构矩阵,见式(3.11)。式(3.11)的右式清楚地表明产出结构矩阵的对角线元素至少为 1,若大于 1 则表明该小室参与了循环。

例 4.2

　　锥泉生态系统能量流动网络(如图 3.2 所示)的分配系数矩阵$[F]$为:

---

❶　3.3 节的脚注适用于 4.3 节和 4.4 节。

$$\begin{bmatrix} 0 & 0.794 & 0 & 0 & 0 \\ 0 & 0 & 0.453 & 0.201 & 0 \\ 0 & 0.307 & 0 & 0.014 & 0 \\ 0 & 0.084 & 0 & 0 & 0.155 \\ 0 & 0.451 & 0 & 0 & 0 \end{bmatrix}$$

由此可推出产出结构矩阵 $S([I-F]^{-1})$ 为：

$$\begin{bmatrix} 1 & 0.958 & 0.434 & 0.199 & 0.031 \\ 0 & 1.207 & 0.547 & 0.251 & 0.039 \\ 0 & 0.374 & 1.169 & 0.092 & 0.014 \\ 0 & 0.186 & 0.084 & 1.039 & 0.161 \\ 0 & 0.545 & 0.247 & 0.113 & 1.018 \end{bmatrix}$$

　　如果某时刻有 100 个单位的能量离开细菌(小室 3)，最后有 116.9 个单位的能量流回细菌。除了开始的 100 个单位，经过多次循环后流回细菌的能量增加了 16.9 个单位。

　　因此，可用产出结构矩阵 $[S]$ 对角线上的元素来计算循环的流量 (T_c)。矩阵 $[S]$ 中的元素 S_{ii} 表示流出的 1 个单位的能量经过循环后最终流回室 i 的能量，这说明循环的流量为 $(S_{ii}-1)$(参见例 4.2)，由此可推得 T_i 中参与循环的比例为 $(S_{ii}-1)/S_{ii}$。用该比例乘相应的 T_i，然后加总就可得到 T_c。Finn(1980)将 T_c/T 定义为系统循环指数。由该定义可知，系统循环指数在 0(无循环)到 1(完全循环)之间变化。

例 4.3

　　计算锥泉生态系统的循环指数。所需数据为例 4.2 中产出结构矩阵的对角线元素和例 3.5 中各小室的吞吐量，将这些值代入下面的公式。

$$\begin{aligned} T_c &= \sum_i T_i (S_{ii}-1)/S_{ii} \\ &= 11184(1-1)/1 + 11483(1.207-1)/1.207 + 5205(1.169-1)/1.169 + \\ &\quad 2384(1.039-1)/1.039 + 370(1.018-1)/1.018 \\ &= 0 + 1967.0 + 753.8 + 88.5 + 6.4 \\ &= 2851.7 \ \text{kcal} \ \text{m}^{-2}\text{a}^{-1} \end{aligned}$$

　　计算得到循环指数为 6.63%(= 2816/42445)，小于 Finn(1980)计算的结果(9.2%)。其原因不是计算的 T_c 不一样，而是 Finn 定义的系统总吞吐量中没有包含所有的系统流量。

　　Odum(1969)认为循环程度的高低是生态系统网络成熟与否的标志。为了检验这个假说，Richey 等(1978)以五个富营养化程度不同的淡水湖为例，分析了它们的碳循环指数。事与愿违，他们的研究结果表明循环总量不足以描述生态系统的发展阶段。

4.4　网络循环的结构

　　循环指数反映的是流量网络的宏观(群落水平)属性，但它和生态系统发展这个普通概念之间的关系非常弱,这说明描述增长与发展需要选择更合适的宏观指标。既然如此,过多介绍循环和反馈这种推动自主发展的微观媒介好像有浪费笔墨的嫌疑。不！第 1 章末尾部分曾介绍说明本章主要是基础知识部分,为了不偏离全书的主线,同时与第 3 章的结构保持一致,这里接下来介绍如何描绘流量网络中循环的微观结构。至于其具体的作用,相信读者读完第 6 章后就可一览无遗。

哪些路径是介质循环的主要路径？这是研究网络循环结构首先会遇到的问题。显然要知道所有循环的路径才能彻底弄清楚这个问题,即需要列举出网络中所有简单的直接循环(没有重复结点的循环)。同时为了避免杂乱无章,还要按一定的方式列出循环路径。解决具体的问题,除了要有上述统领性的思路外,当然还需要了解一些问题的细节,才能做到有的放矢。例如,有些回路循环的流量比其他回路循环的流量多,能否给每个回路赋一个相对流量值来表示循环路径的重要性呢？在给定循环速率的情况下,循环中哪个环节最关键？

如何描述网络结构呢？前已述及,反馈环是影响网络结构的主要因素。因此,描述网络结构需要弄清网络中循环流量的分布,这又要求能从流量网络中分离出循环网络。常用的分离方法是将实际的网络分解成两种虚拟网络:①所有的单个封闭循环网络;②树状结构的单向流动网络。前面已经结合图 4.3 简单讨论了这两种网络的相互依赖关系。

针对上述问题,下面将从定量的角度给出答案。需要注意,不是按提问的顺序逐一回答,而是把问题交叉混合在一起回答。

例 4.4

从锥泉生态系统的能量流动网络图(图 3.2)中,经过分析可以分离出 5 个简单循环,见图 4.7。给每个循环分配一定的流量(具体分配方法在本节最后部分介绍),这是为了使图 3.2 在删减掉这些循环后,余下的流量网络中不存在循环。追踪图 4.7 中的最后一个循环(碎屑 – 细菌 – 碎屑),可以清楚为什么从初始的网络中减去流量最小的弧,这一方面是为了保证从网络中分离出指定循环,另一方面是要确保余下弧上的流量非负。如果循环中存在重叠弧,从网络中删减循环会非常复杂。下面介绍解决这个问题的一种通用算法。

从图 3.2 的网络中删减去 5 个简单循环后就得到一个无环图(树),见图 4.8。

当网络的结点和弧数量较少时,非常容易确定网络中的直接循环。但随着网络结点数目的增加,枚举网络中的循环会非常困难,因为网络中循环的数量可能是网络结点数的阶乘。当研究网络的结点数为 20 时,网络中的循环数可能为 20！（大约是 2×10^{18}），把这个网络的循环枚举出来,会让精力最充沛的人,甚至目前最快的计算机精疲力尽。

对生态学家来说,幸运的是观测到的生态系统网络的连通度(可能链接中实际链接的比例)很少超过由许多物种组成的网络的连通度(25%)。尽管如此,搜索循环仍然非常烦琐,因此需要选择有效的算法来确定循环。Mateti 和 Deo（1976）系统总结了枚举网络图中循环的方法,认为反向搜索算法结合修枝法(避免搜索许多无用的路)能最有效地确定循环。

在反向搜索算法中,首先用合适的方法(下面介绍)排列结点,再将 n 个结点按相同

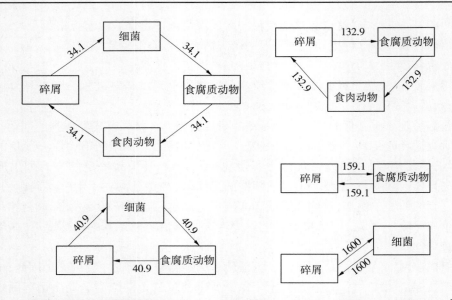

图 4.7　锥泉生态系统能量流动网络(图 3.2)中分离的 5 个简单直接循环 （单位:kcal m^{-2}a^{-1}）
（引自:Ulanowicz,R.E.. Identifying the Structure of Cycling in E*cosystems. Mathematical
Biosciences*. 1983(65). 感谢爱思维尔出版社的再版许可。）

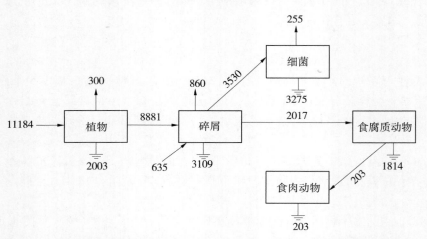

**图 4.8　从锥泉生态系统网络(图 3.2)中删减去图 4.7 所示的 5 个循环后,余下的
非循环网络。**（单位:kcal m^{-2}a^{-1}）
（引自:Ulanowicz,R.E.. Identifying the Structure of Cycling in E*cosystems. Mathematical
Biosciences*. 1983(65). 感谢爱思维尔出版社的再版许可。）

顺序在 n 层上重复排列,如图 4.9 所示。从第 0 层的结点(指定为支点元素)开始,在第 1 层中从左到右搜索,寻找与支点元素存在流量链接的结点。找到这样的结点后,就跳升到第 1 层选中的结点,继续在第 2 层中从左到右搜索,寻找与第 1 层中的结点存在流量连接的结点。依次类推,一直向上搜索。在向上搜索的过程中,以前各层选定的结点都储存在向量组中,用于描述当前的路。在搜索过程中,需要注意向上跳升到的结点必须是当前路中不存在的结点。如果在上一层中搜索到与以前路中的结点存在连接的结点,不要向该结点跳升。因为这时搜索到了一个循环,如果该结点是支点元素,那么就可以确定一个简单的直接循环,并用当前的路描述这个循环,然后继续向右搜索。如果不是支点元素,那么这个循环会由以该结点元素作为支点元素的搜索过程搜出,这里略过即可。只有遇到下述情况才会终止向上搜索,如果从 m 层的 k 结点开始搜索时,$m+1$ 层中所有的结点与 m 层的 k 结点之间没有链接(即不可能再向上层移动),那么就反向(算法名字的出处)回到 $m-1$ 层中当前路的结点上,从第 m 层的第 $k+1$ 个结点开始搜索。当不可能再反向搜索时,就确定了支点元素涉及的所有循环。下一轮搜索中可以排除这个支点元素,以减少搜索范围。

$$
\begin{array}{c|ccccc}
n-1 & [1] & [2] & [3] & \cdots & [n] \\
\vdots & \vdots & \vdots & \vdots & \cdots & \vdots \\
2 & [1] & [2] & [3] & \cdots & [n] \\
1 & [1] & [2] & [3] & \cdots & [n] \\
0 & [1] & [2] & [3] & \cdots & [n]
\end{array}
$$

层次（左侧标注）　结点

图 4.9　了解反向搜索算法的结点存储图。反向搜索算法用于确定 n 个组分的网络中的定向循环,利用存储图有助于理解反向搜索算法的运算规则。

例 4.5

在锥泉生态系统网络中应用反向搜索算法时,把结点顺序设定为 2,3,4,5,1 非常有用。在了解具体的搜索过程之前,读者可根据图 3.2 或例 4.2 中的矩阵 $[F]$ 检测一下各结点的实际连接情况。下面存储的数组有助于读者理解算法搜索的顺序。

$$
\begin{array}{c|ccccc}
4 & 2 & 3 & 4 & 5 & 1 \\
3 & 2 & 3 & 4 & 5 & 1 \\
2 & 2 & 3 & 4 & 5 & 1 \\
1 & 2 & 3 & 4 & 5 & 1 \\
0 & 2 & 3 & 4 & 5 & 1
\end{array}
$$

层次（左侧标注）　结点

从第 0 层支点元素 2 开始,按照上文的说明进行搜索。搜索的顺序及产生的当前路径如下:

搜索顺序	当前路径
从支点元素开始	2
前进到第 1 层	2 – 3
报告循环 1	2 – 3 – 2

前进到第 2 层	2 – 3 – 4
报告循环 2	2 – 3 – 4 – 2
前进到第 3 层	2 – 3 – 4 – 5
报告循环 3	2 – 3 – 4 – 5 – 2
返回到第 2 层	2 – 3 – 4
返回到第 1 层	2 – 3
返回到第 0 层	2
前进到第 1 层	2 – 4
报告循环 4	2 – 4 – 2
前进到第 2 层	2 – 4 – 5
报告循环 5	2 – 4 – 5 – 2
返回到第 1 层	2 – 4
返回到第 0 层	2
不可能继续进行反向搜索,运算结束	—

锥泉生态系统能量流动网络中的所有循环都包含结点 2,以其余 4 个结点作为支点元素搜索不出其他循环。

如果例 4.5 中将结点 1 作为第一个支点元素,那么搜索包含植物的循环(实际没有一个循环包含植物)将会浪费大量时间。显然支点元素的排列顺序对搜索时间有很大影响。

为了使算法更有效,首先需要选择那些最可能参与循环的结点作为支点元素。无论从网络中哪个结点(支点元素)开始搜索,确定通过简单路可以到达的其他结点相对比较容易(Knuth,1973)。从"可达"结点指向支点元素的弧称为循环弧,正如其名,通过循环弧就完成了一个循环。因此,可以根据指向支点元素的循环弧的数量,按递减的顺序来排列支点元素。(没有相关循环弧的结点,如例 4.4 中的结点 1,在反向搜索算法中不予考虑。)数循环弧很耗费时间(大约和结点数目的立方成正比),但根据循环弧确定结点搜索顺序后开始搜索可以节省更多的搜索时间,这是磨刀不误砍柴工的事情。目前已量化的生态流量网络的组分很少超过 25 个。只要它们的连通度适中,按循环弧的数量排列支点元素就足以把搜索时间限制在合理的范围内。要进一步了解"修枝"方法可以参考 Read和 Tarjan(1975)。

枚举网络中的简单循环,这只是全面描述网络循环结构的第一步。如果简单循环上百时,简便处理就需要将这些循环系地归并成组。通常网络中循环的数量比弧的数量多,有些弧会同时参与许多循环,因此循环之间会有大量的弧重叠。当重叠部分包含关键弧时,就可以用关键弧来归并这些循环。

循环中的关键弧(或最脆弱的弧)类似于链条中最弱的链接(循环是一种折回自身的链条)。如何确定循环中的关键弧取决于个人解释——生理学家和行为研究者的观点可能不同。这里不详细讨论这些解释,只采用化学动力学中的解释来类比说明。化学动力学认为化学反应速率是由速度最慢的那步控制的。相应地,这里假定循环中的关键弧是流量最小(最慢)的弧,据此很容易确定简单循环中的关键弧。关键弧上的流量控制着与它相关的所有循环。因此,有多少关键弧就可以定义多少循环组或"连结"。

第3章指出流量中可能隐含了无数的现象规律,本章4.1节末指出和循环有关的反馈现象是耗散网络结构的关键决定因素。这里进一步指出,根据关键弧集合可以确定生态系统中的控制转移链条。关键弧是系统中对压力或增长最敏感的地方,它的任何变化会通过它的连接强烈地传播开来。

例4.6

佛罗里达州克里斯特尔河附近有一条潮汐间沼泽小河,描述该生态系统碳流动的数据集是目前最好的生态流量数据集(Homer 和 Kemp 未发表的手稿;还可见 Ulanowicz,1983)。组成该生态系统的17个组分大多是有脊椎的鱼类。图4.10中的箭头描述了碳流动。碳流动网络由6个外部系统的输入、16个对外部系统的输出、17个呼吸流及69个内部交换组成。

表4.1列出了网络中的119个简单循环。这些循环被分为41个连结,其中有几个连结包含了大量循环。例如,黄貂鱼捕食海湾鳉鱼包含14个循环网络,钉头鱼捕食颌针鱼定义了13个循环网络,从颌针鱼到钉头鱼的流量影响了10个循环网络等。

在上面对循环的分析中,怎样反映关键弧受到的影响呢?从例4.6可知,大(循环多)且复杂(循环成分多)的连结都可由高营养级间较小的流量阐释。因为低营养级上的许多事件都会影响高营养级间的转移,任何地方的扰动经过广泛分布的连结都会集中作用到关键弧上,因此在系统受压时,大的连结首先会受到影响。

例4.7

在生态系统网络的对比研究中,严重缺乏用相同标准分析过的网络数据。例4.6中引用的研究是一个特例。在例4.6研究的河流附近,Homer 和 Kemp 选取了一个自然环境条件类似的河流与之进行对比研究,唯一不同的是由于受附近核电站排放热废水的影响,受干扰河流的温度一直比对照小河的温度高6℃。受干扰系统的网络见图4.11。

受干扰系统的生产力和系统总吞吐量降低了,但网络的循环结构变化更剧烈。表4.2列出了受干扰网络中存在的46个循环和30个连结。对照小河中所有"大"的连结(表4.1)在受干扰河流系统中都消失了。受干扰系统中最大的连结是由钉头鱼－碎屑确定的,它包含4个循环网络。

假设小河对干扰的响应是一种稳态响应,从对照小河到受干扰的小河,Finn 定义的循环指数从7.1%明显上升到9.4%。实际上,整个变化类似于富营养化作用,即更高级(可能是更慢)的连结消失了,更短、更快、更低营养级上的循环保留了下来,而且周转更快。

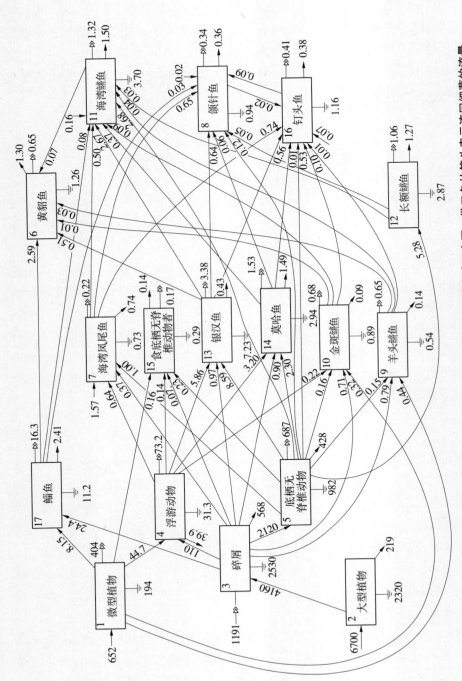

图 4.10　佛罗里达州克里斯特尔河沼泽生态系统不同物种之间的碳流动示意图。带三角的箭头表示流回细菌的流量。（单位：mg m⁻² d⁻¹）

（M. Homer 和 W. M. Kemp，未发表的手稿）

（引自：Ulanowicz, R. E. . Identifying the Structure of Cycling in Ecosystems. Mathematical Biosciences. 1983 (65) . 感谢爱思维尔出版社的再版许可。）

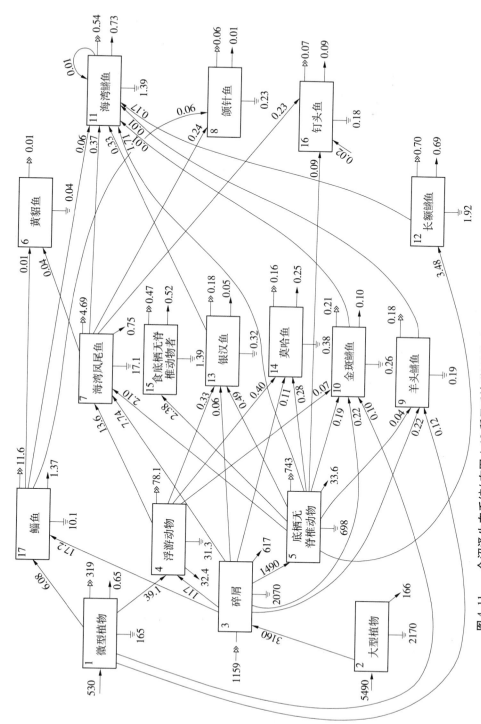

图 4.11　一个沼泽生态系统（在图 4.10 所示系统附近）的碳流动示意图。它与例 4.10 所示系统非常相似，唯一不同的是由于受到附近核电站排放热废水影响，温度一直比图 4.10 所示系统高 6℃。（单位：mg m^{-2} d^{-1}）

表 4.1　根据关键弧分类枚举图 4.10 中的 119 个循环

关键弧(10,6)的 3 个循环(0.010*)

1.　　$3-10-6-3$

2.　　$3-4-10-6-3$

3.　　$3-5-10-6-3$

关键弧(14,16)的 6 个循环(0.010)

4.　　$3-14-16-3$

5.　　$3-14-16-8-3$

6.　　$3-4-14-16-3$

7.　　$3-4-14-16-8-3$

8.　　$3-5-14-16-3$

9.　　$3-5-14-16-8-3$

关键弧(9,11)的 4 个循环(0.010)

10.　　$3-9-11-3$

11.　　$3-9-11-6-3$

12.　　$3-5-9-11-3$

13.　　$3-5-9-11-6-3$

关键弧(10,6)的 4 个循环(0.010)

14.　　$3-9-16-3$

15.　　$3-9-16-8-3$

16.　　$3-5-9-16-3$

17.　　$3-5-9-16-8-3$

关键弧(8,16)的 13 个循环(0.020)

18.　　$3-7-8-16-3$

19.　　$3-13-8-16-3$

20.　　$3-14-8-16-3$

21.　　$3-4-7-8-16-3$

22.　　$3-4-13-8-16-3$

23.　　$3-4-14-8-16-3$

24.　　$3-5-8-16-3$

25.　　$3-5-7-8-16-3$

26.　　$3-5-13-8-16-3$

27.　　$3-5-14-8-16-3$

28.　　3 - 5 - 12 - 8 - 16 - 3

29.　　3 - 17 - 8 - 16 - 3

30.　　8 - 16 - 8

关键弧(9,6)的 2 个循环(0.030)

31.　　3 - 9 - 6 - 3

32.　　3 - 5 - 9 - 6 - 3

关键弧(12,11)的 2 个循环(0.030)

33.　　3 - 5 - 12 - 11 - 3

34.　　3 - 5 - 12 - 11 - 6 - 3

关键弧(17,8)的 1 个循环(0.030)

35.　　3 - 17 - 8 - 3

关键弧(12,8)的 1 个循环(0.050)

36.　　3 - 5 - 12 - 8 - 3

关键弧(14,8)的 3 个循环(0.060)

37.　　3 - 14 - 8 - 3

38.　　3 - 4 - 14 - 8 - 3

39.　　3 - 5 - 14 - 8 - 3

关键弧(11,6)的 14 个循环(0.070)

40.　　3 - 7 - 11 - 6 - 3

41.　　3 - 10 - 11 - 6 - 3

42.　　3 - 13 - 11 - 6 - 3

43.　　3 - 14 - 11 - 6 - 3

44.　　3 - 4 - 7 - 11 - 6 - 3

45.　　3 - 4 - 10 - 11 - 6 - 3

46.　　3 - 4 - 13 - 11 - 6 - 3

47.　　3 - 4 - 14 - 11 - 6 - 3

48.　　3 - 5 - 11 - 6 - 3

49.　　3 - 5 - 7 - 11 - 6 - 3

50.　　3 - 5 - 10 - 11 - 6 - 3

51.　　3 - 5 - 13 - 11 - 6 - 3

52.　　3 - 5 - 14 - 11 - 6 - 3

53.　　3 - 17 - 11 - 6 - 3

关键弧(3,15)的 1 个循环(0.070)

54.　　3 – 15 – 3

关键弧(17,11)的 1 个循环(0.080)

55.　　3 – 17 – 11 – 3

关键弧(16,8)的 10 个循环(0.090)

56.　　3 – 7 – 16 – 8 – 3

57.　　3 – 10 – 16 – 8 – 3

58.　　3 – 13 – 16 – 8 – 3

59.　　3 – 4 – 7 – 16 – 8 – 3

60.　　3 – 4 – 10 – 16 – 8 – 3

61.　　3 – 4 – 13 – 16 – 8 – 3

62.　　3 – 5 – 16 – 8 – 3

63.　　3 – 5 – 7 – 16 – 8 – 3

64.　　3 – 5 – 10 – 16 – 8 – 3

65.　　3 – 5 – 13 – 16 – 8 – 3

关键弧(10,11)的 3 个循环(0.090)

66.　　3 – 10 – 11 – 3

67.　　3 – 4 – 10 – 11 – 3

68.　　3 – 5 – 10 – 11 – 3

关键弧(10,16)的 3 个循环(0.100)

69.　　3 – 10 – 16 – 3

70.　　3 – 4 – 10 – 16 – 3

71.　　3 – 5 – 10 – 16 – 3

关键弧(5,8)的 1 个循环(0.120)

72.　　3 – 5 – 8 – 3

关键弧(4,15)的 1 个循环(0.140)

73.　　3 – 4 – 15 – 3

关键弧(5,9)的 1 个循环(0.150)

74.　　3 – 5 – 9 – 3

关键弧(15,3)的 1 个循环(0.170)

75.　　3 – 5 – 15 – 3

关键弧(7,3)的 3 个循环(0.220)

续表 4.1

76.	3 − 7 − 3
77.	3 − 4 − 7 − 3
78.	3 − 5 − 7 − 3

关键弧(4,10)的 1 个循环(0.220)

79.	3 − 4 − 10 − 3

关键弧(8,3)的 6 个循环(0.340)

80.	3 − 7 − 8 − 3
81.	3 − 13 − 8 − 3
82.	3 − 4 − 7 − 8 − 3
83.	3 − 4 − 13 − 8 − 3
84.	3 − 5 − 7 − 8 − 3
85.	3 − 5 − 13 − 8 − 3

关键弧(3,7)的 2 个循环(0.370)

86.	3 − 7 − 11 − 3
87.	3 − 7 − 16 − 3

关键弧(14,11)的 3 个循环(0.370)

88.	3 − 14 − 11 − 3
89.	3 − 4 − 14 − 11 − 3
90.	3 − 5 − 14 − 11 − 3

关键弧(16,3)的 6 个循环(0.410)

91.	3 − 13 − 16 − 3
92.	3 − 4 − 7 − 16 − 3
93.	3 − 4 − 13 − 16 − 3
94.	3 − 5 − 16 − 3
95.	3 − 5 − 7 − 16 − 3
96.	3 − 5 − 13 − 16 − 3

关键弧(7,11)的 2 个循环(0.500)

97.	3 − 4 − 7 − 11 − 3
98.	3 − 5 − 7 − 11 − 3

关键弧(13,6)的 3 个循环(0.510)

99.	3 − 13 − 6 − 3
100.	3 − 4 − 13 − 6 − 3

续表 4.1

101. 3 − 5 − 13 − 6 − 3
　　关键弧(5,10)的 1 个循环(0.610)

102. 3 − 5 − 10 − 3
　　关键弧(9,3)的 1 个循环(0.650)

103. 3 − 9 − 3
　　关键弧(6,3)的 1 个循环(0.650)

104. 3 − 17 − 6 − 3
　　关键弧(10,3)的 1 个循环(0.680)

105. 3 − 10 − 3
　　关键弧(3,14)的 1 个循环(0.900)

106. 3 − 14 − 3
　　关键弧(3,13)的 2 个循环(0.970)

107. 3 − 13 − 3

108. 3 − 13 − 11 − 3
　　关键弧(12,3)的 1 个循环(1.060)

109. 3 − 5 − 12 − 3
　　关键弧(11,3)的 3 个循环(1.320)

110. 3 − 4 − 13 − 11 − 3

111. 3 − 5 − 11 − 3

112. 3 − 5 − 13 − 11 − 3
　　关键弧(14,3)的 2 个循环(1.530)

113. 3 − 4 − 14 − 3

114. 3 − 5 − 14 − 3
　　关键弧(13,3)的 2 个循环(3.380)

115. 3 − 4 − 13 − 3

116. 3 − 5 − 13 − 3
　　关键弧(17,3)的 1 个循环(16.290)

117. 3 − 17 − 3
　　关键弧(4,3)的 1 个循环(73.200)

118. 3 − 4 − 3
　　关键弧(5,3)的 1 个循环(686.900)

119. 3 − 5 − 3

注:"＊"表示关键弧上的流量值(译者注)。

表 4.2　根据关键弧分类枚举图 4.11 中的 46 个循环

关键弧(6,3)的 3 个循环(0.010)
1.　3 − 7 − 6 − 3
2.　3 − 4 − 7 − 6 − 3
3.　3 − 5 − 7 − 6 − 3
关键弧(10,11)的 3 个循环(0.010)
4.　3 − 10 − 11 − 3
5.　3 − 4 − 10 − 11 − 3
6.　3 − 5 − 10 − 11 − 3
关键弧(9,11)的 2 个循环(0.010)
7.　3 − 9 − 11 − 3
8.　3 − 5 − 9 − 11 − 3
关键弧(17,6)的 1 个循环(0.010)
9.　3 − 5 − 17 − 6 − 3
关键弧(11,11)的 1 个循环(0.010)
10.　11 − 11
关键弧(5,9)的 1 个循环(0.040)
11.　3 − 5 − 9 − 3
关键弧(8,3)的 3 个循环(0.060)
12.　3 − 7 − 8 − 3
13.　3 − 4 − 7 − 8 − 3
14.　3 − 5 − 7 − 8 − 3
关键弧(3,13)的 2 个循环(0.060)
15.　3 − 13 − 3
16.　3 − 13 − 11 − 3
关键弧(17,11)的 1 个循环(0.060)
17.　3 − 5 − 17 − 11 − 3
关键弧(17,8)的 1 个循环(0.060)
18.　3 − 5 − 17 − 8 − 3
关键弧(16,3)的 4 个循环(0.070)
19.　3 − 7 − 16 − 3
20.　3 − 4 − 7 − 16 − 3
21.　3 − 5 − 7 − 16 − 3

续表 4.2

22.　3 – 5 – 16 – 3
　　　关键弧(4,10)的 1 个循环(0.070)

23.　3 – 4 – 10 – 3
　　　关键弧(3,14)的 1 个循环(0.110)

24.　3 – 14 – 3
　　　关键弧(14,3)的 2 个循环(0.160)

25.　3 – 4 – 14 – 3

26.　3 – 5 – 14 – 3
　　　关键弧(12,11)的 1 个循环(0.170)

27.　3 – 5 – 12 – 11 – 3
　　　关键弧(9,3)的 1 个循环(0.180)

28.　3 – 9 – 3
　　　关键弧(13,3)的 2 个循环(0.180)

29.　3 – 4 – 13 – 3

30.　3 – 5 – 13 – 3
　　　关键弧(5,10)的 1 个循环(0.190)

31.　3 – 5 – 10 – 3
　　　关键弧(10,3)的 1 个循环(0.210)

32.　3 – 10 – 3
　　　关键弧(4,13)的 1 个循环(0.330)

33.　3 – 4 – 13 – 11 – 3
　　　关键弧(13,11)的 1 个循环(0.330)

34.　3 – 5 – 13 – 11 – 3
　　　关键弧(7,11)的 3 个循环(0.370)

35.　3 – 7 – 11 – 3

36.　3 – 4 – 7 – 11 – 3

37.　3 – 5 – 7 – 11 – 3
　　　关键弧(15,3)的 1 个循环(0.470)

38.　3 – 5 – 15 – 3
　　　关键弧(11,3)的 1 个循环(0.540)

39.　3 – 5 – 11 – 3
　　　关键弧(12,3)的 1 个循环(0.700)

续表4.2

40.	3 – 5 – 12 – 3
	关键弧(5,7)的 1 个循环(2.100)
41.	3 – 5 – 7 – 3
	关键弧(7,3)的 2 个循环(4.690)
42.	3 – 7 – 3
43.	3 – 4 – 7 – 3
	关键弧(17,3)的 1 个循环(11.640)
44.	3 – 5 – 17 – 3
	关键弧(4,3)的 1 个循环(78.100)
45.	3 – 4 – 3
	关键弧(5,3)的 3 个循环(742.600)
46.	3 – 5 – 3

　　选择循环中流量最小的链接作为关键弧,减少了数学计算上的麻烦。例4.4中曾提及,从循环的弧上减去流量最小的弧的流量,可以从网络中删减掉这个循环。当然,这同时确保了余下弧上的流量非负。根据连结的定义,移开关键弧就删减掉了该连结包含的所有循环。至此还有一个问题,如何将关键弧上的流量分配到连结的所有循环上。可选方案有很多,例如可以将流量平均分配到连结包含的各个循环上,或者根据各个循环对一些具体的群落属性(如总流量)的贡献来分配。凭直觉最满意的方案(这里采用的方案)是以介质完成特定循环的可能性❶为比例分配流量(与 Silvert 私人交流)。

　　一旦选定了分配方案,就可以从最小的关键弧开始依次"剥掉"网络中的连结。为了保证余下弧上的流量非负,每移开一个连结后,必须重新定义余下网络的关键弧和连结。最后一个连结移去后,余下的是保留了初始投入、输出和呼吸的非循环网络。很明显,剥离出来的循环完全是理想循环。

例4.8

　　图4.10 描述的克里斯特尔河系统可以分解为纯粹的循环网络(图4.12)和非循环网络(图4.13)。

---

　　❶　以图4.7 中分解的循环网络为例说明。图3.2 中关键弧(3,4)定义的连结包含两个循环,即 2 – 3 – 4 – 5 – 2 和 2 – 3 – 4 – 2。下面说明如何将关键弧上 75 个单位的流量分配到两个循环中。将一定流量从小室 3 流入小室 4 的可能性记为 P34,则 P34 = T34/T3 = 75/5205 = 0.0144(具体原理参考第 6 章);同理可得 P45 = 0.1552;P52 = 0.4514;P23 = 0.4533;P42 = 0.0839。据此可得一定流量完成循环 2 – 3 – 4 – 5 – 2 的可能性为 P23 × P34 × P45 × P52 = 0.000458,同理可得完成循环 2 – 3 – 4 – 2 的可能性为0.000548。因此,循环 2 – 3 – 4 – 5 – 2 分配的流量为 34.1 个单位(75 × 0.000458/(0.000458 + 0.000548) = 34.1),循环 2 – 3 – 4 – 2 分配的流量为 40.9 个单位,分离出的循环见图4.7 左半部分。(译者注)

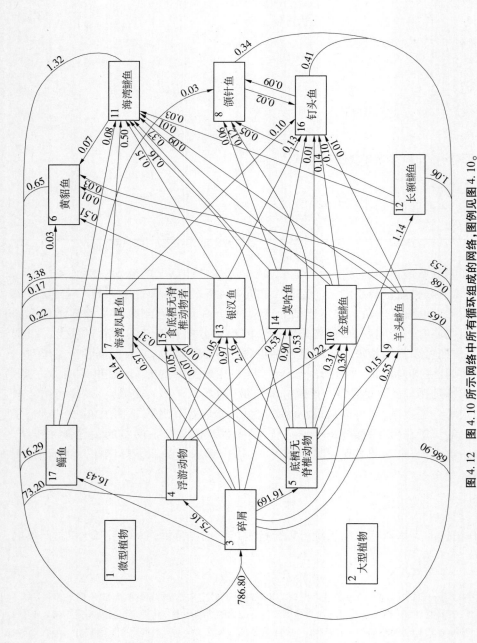

图 4.12　图 4.10 所示网络中所有循环组成的网络，图例见图 4.10。

（引自：Ulanowicz, R. E.. Identifying the Structure of Cycling in Ecosystems. Mathematical Biosciences. 1983 (65). 感谢爱思维尔出版社的再版许可。）

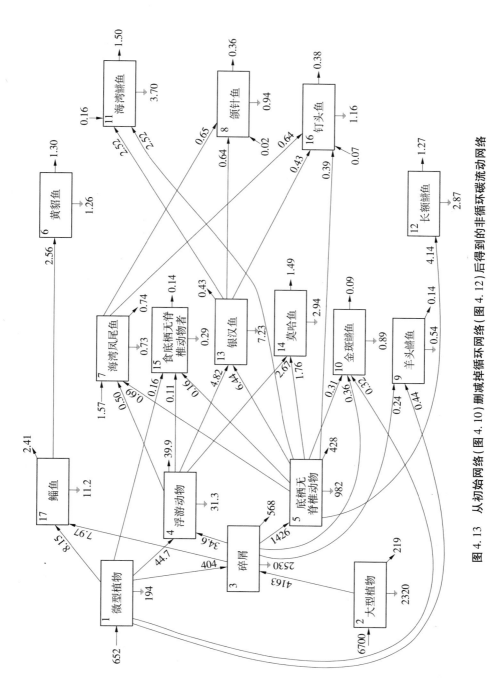

图 4.13 从初始网络（图 4.10）删减掉循环网络（图 4.12）后得到的非循环碳流动网络

（引自：Ulanowicz, R. E.. Identifying the Structure of Cycling in Ecosystems. Mathematical Biosciences, 1983 (65)，感谢爱思维尔出版社的再版许可。）

　　所有食物链中都存在非循环网络,因此可以像3.3节介绍的那样将这些基本的网络归并成营养级至多为 n 的营养直链。

　　至此已经说明了循环是影响网络结构的主要因素,第5章将介绍量化网络结构的数学方法。

4.5　小结

　　由于描述循环的因果关系很难避免循环论证,所以难以明确阐述循环网络中的原因。大多数人都喜欢用还原论的方法来描述原因,然而需要注意,这样容易忽视系统中反馈环产生的自主行为。

　　正反馈循环具有自主行为的特征。对循环中发生的各种变化,正反馈具有选择作用。循环结构的自主行为对选择哪些组分参与循环有显著的影响。因此,循环的整体结构也是一种原因。然而需要注意的是,只有研究的空间尺度包含所有循环,时间间隔超过循环周期时才能观察到自主行为的影响。很多人都排斥在更大的时空尺度上讨论生命现象。这种心态过于狭隘,会阻碍研究的进展。

　　第3章介绍了量化网络中循环流量的投入 – 产出分析方法。为了解网络的循环结构,本章介绍了确定网络中简单循环的系统方法。该方法以共享的关键弧的基础,不仅可以将基本的循环分组,还可以将循环流量与余下的系统分离开来。

5　计算方法

> "我们知道的事情五花八门，问的问题也是花样百出。"
>
> 亚里士多德

5.1　信息论和生态学

第 3 章和第 4 章讨论的前提都是将流动视为连续的过程。实际上，生物转化通常是离散的、不可预测的过程，大尺度系统中的生物转化尤其如此。概率论是描述离散事件恰当的数学语言，它既是统计力学的基础，也是描述增长与发展现象的基础。

根据定义发展的系统是不断变化的，显然它内部微观事件发生的概率也在不断变化。信息论研究引起概率分布发生变化的原因（Tribus 和 McIrvine，1971），它是从概率论中衍生出来的分支学科。与概率论一样，信息论也是描述增长与发展现象所需的数学方法。

讨论概率和信息的数学文献浩如烟海。什么是概率？如何估算概率？大多数读者都了若指掌，这里用不着多费笔墨。想夯实概率论基础的读者可以参考 Jaynes（1979）。然而，什么是信息？如何测量信息？如何将它应用到生态描述中？很多人都是雾里看花，至少在生态学中是这样。因此，这里专门用一章来阐述这个主题。

尽管在 19 世纪就有热力学文献讨论信息论的基本原理（Boltzmann，1872），然而公认的是，信息论是从二战的密码破译中演化出来的一门学科，Shannon（1948）提出了它正式的结构体系。由于早期的发展与密码系统及通讯网络有紧密的关系，现在仍有人认为信息论只适合在这些领域应用。幸好很多人认识到了信息论的重要性，在不同的领域开展了广泛的应用。Brillouin（1956）和 Tribus（1961）甚至用信息论重新阐释了热力学。

在信息论流行之初，生态学家 MacArthur 就将其中的一些概念引入到生态流量网络的分析中。Odum（1953）提出，如果平行路径越多，生态系统组分之间的流动就越稳定。为了验证上述假说，MacArthur（1955）采用了 Shannon-wiener 定义的不确定性表示生态系统种群之间流动路径的多样性。

Odum 的想法非常简单。如果只有一条为种群供应物质或能量的路径，那么该路径所受的任何干扰都显著地影响种群的物质和能量供应。如果存在平行路径，情况就不一样。当某条路径受到干扰导致传输的介质产生正向（或反向）变化时，其他路径上传输的介质就会产生反向（或正向）变化，从而维持种群的稳定（LeChâtelier-Braun 原理的一个具体例子）。如果让网络不确定性（Shannon 定义的）不同的生态系统遭受同样的干扰，当然就可以分析系统动态平衡与流动路径多样性之间的关系。这不难想到，因此检验和阐述这个群落水平（整体）上的假说也就成了生态学中的研究热点。接下来的 10 年里，有很多研究人员为之付出了艰辛的努力（Woodwell 和 Smith，1969）。

遗憾的是，研究多样性 – 稳定性假说成效甚微。正因为如此，现在听到有人谈到信息论,许多生态学家不但兴味索然,有时连头都要痛。怎么会这样呢? 哪儿出问题啦? 信息论本身不可能有问题,它是定量生物学的一种基本研究方法。既然如此,那只能是多样性—稳定性假说的讨论上出了问题。事实上,造成这种格局主要有两方面的原因。

第一个原因是研究的视角从流量转移到了种群上。为什么研究视角会发生这样的转移呢? 这很容易理解。一是测量流量难且费钱,而测量种群水平上的性质(不管是数量、生物量或其他量)相对简单;二是 Lindeman、Odum 和 MacArthur 等强调的流量与经典生物学关心的分类是背道而驰的。需要注意,这里将研究视角转移作为原因,不是责怪那些从种群的视角开展研究的科研人员。他们采用种群多样性指数来评价系统的动态平衡,在当时确实是非常不错的想法。尽管如此,经过这么长时间注意力才再次转移到流量上,多少有点让人遗憾。

第二个原因是在生态系统中应用信息论方法时,信息的定义混淆不清。举例来说,人们认为 Shannon-Wiener 指数(H)既可表示给定分布的不确定性,也可以表示与该分布有关的信息。该指数的开发者之一 Norbert Wiener(1948)就是这样使用 H 的。严格来讲,H 也可以表示给定概率分布包含的信息。然而如果真这样定义信息,那将是教学上的灾难。按照上述定义,很容易推出种群多样性指数高的群落不仅富含信息而且处于混沌状态。面对这种情形,学生会是怎样的反应呢? 只能茫茫如堕烟雾,瞠目结舌不能语。

实际上,有很多方法可以清晰、准确地定义信息。本章主要的目标就是明确地定义信息。在定义信息之前,需要先讨论一下不确定性。

5.2　结果的不确定性[1]

不确定性是指不能准确预知事件的结果。掷骰子,没人知道会掷出几点;河口捕鱼,没人能提前几年预知今年的捕获量;捕食,没人知道有几个捕食者的动物最后会被谁捕走。

实际上,事件的不确定性与怎样问问题有很大关系。通常可以把事件可能出现的所有结果归为数量有限的离散类型,对事件结果的分类决定了最初的不确定性。下面以掷一个 6 面的骰子为例来说明。将结果分为 6 类(整数 1 ~ 6),分为 2 类(1 ~ 3 和 4 ~ 6),分为 2 类(1 ~ 5 和 6),分为 2 类(1 ~ 6 和 7 ~ 10)。对事件出现结果的分类不同,事件最初的不确定性将存在很大差异。上述分类从前到后,事件最初的不确定性是逐渐降低的,最后变成了一种确定性的事件。

从上面这个简单的例子可以推出,特定结果的不确定性和该结果出现的概率负相关。第 1 种分类,每种类型的等概率(1/6)决定了事件最初的不确定性。第 2 种分类中 2 种类型的概率相等(1/2),相比第 1 种分类,第 2 种分类中每种结果的不确定性都有所降低。第 3 种分类是不对称的,结果属于第 1 种类型的概率($p = 5/6$)比较大,第 2 种类型的概率($p = 1/6$)比较小。第 4 种分类是完全确定的,无论怎么掷骰子,最后的结果都属于分类

---

[1] 针对单一分类,信息论的研究人员不喜欢给它赋一个值来反映不确定性,但这里为了方便学生理解,采用了这样的处理方式(与 Higashi 私人交流)。

中的第 1 种类型。

　　因此,事件结果的不确定性与该结果出现概率的倒数相关。对数是表达这种关系最佳的函数形式(原因见下)。因此,可以对结果出现概率的倒数取对数来表示结果的不确定性,见式(5.1)。

$$H_i = K\log(1/p_i) \tag{5.1}$$

或

$$H_i = -K\log p_i \tag{5.2}$$

其中 p_i 是结果 i 出现的概率,K 是比例常数,H_i 是结果 i 的不确定性。对数取哪个底数无关紧要,它只影响常数 K。

　　为什么要用对数函数? 有两个相互关联的理由:一个是数学方面的,另一个是启发式的。

　　下面先看数学方面的理由。显然,测量不确定性的函数应该满足下面的性质。

　　(1)计算结果要是非负数,见式(5.3)。

$$H(p_i) \geqslant 0 \tag{5.3}$$

　　(2)在事件结果确定的情况下,计算结果应该等于 0(没有残留的不确定性),见式(5.4)。

$$H(1) = 0 \tag{5.4}$$

　　(3)两个不相关的结果同时出现的不确定性应该等于各个结果不确定性的和。这种可加性可表达为式(5.5)。

$$H(p_i q_j) = H(p_i) + H(q_j) \tag{5.5}$$

　　其中,p_i 和 q_j 表示结果 i 和 j 单独出现的概率。Aczel 和 Daroczy(1975)证明只有对数函数能同时满足这 3 个条件。

　　接着解释使用对数函数带来的启发。利用与可加性有关的一个性质,可以很好地说明使用对数函数的作用,即利用对数函数可以巧妙地确定问题中引起不确定性的因子数。要理解这句话的含义,考虑大多数生物学家熟悉的二元分类检表非常有帮助。在二元分类检表中,物种所属的分类单元是根据分类物种是否拥有某种性质(如脊椎或无脊椎,复眼或单眼等),是否超过某一设定界线(如突起的鳍刺大于或小于 3 cm,长于或短于 20 cm等)来"鉴别"的。分叉树上的结点每次都分裂成两组明显的生物特征(见图 5.1),据此很容易得到初始结点经过 10 次分裂后就可以产生 1024 种不同的分类。如果开始对物种的分布一无所知,那么一个有机体属于分类 i 的概率为 1/1024。根据式(5.2)可得这个结果的不确定性为 10 K(对数底数取 2 时),这表明要经过 10 次分裂才能构建该二元分类。反过来,必须对照 10 个分类问题的答案才能确定一个有机体的具体类型。

　　这个简单的例子说明组合的数量随分裂的次数呈几何级数增加,不确定性随组合(结果)数量的增加而增加。按照对数的运算法则,只要选择的底数合适,对组合数量取对数就可以得到引起不确定性的因子数。

　　迄今为止一直在讨论单一结果的不确定性,然而实际上可能出现一系列的结果。如何计算所有结果的不确定性呢? 通常采用的是权重因子法(以结果 i 出现的概率(p_i)作为权重因子),即将各个结果的不确定性加权后加总来计算所有结果的不确定性。例如,如果 f_i 指分类 i 的某种特征,p_i 代表结果 i 出现的概率,那么 f 的期望值(记为$\bar{f}$)可定义为式(5.6)。

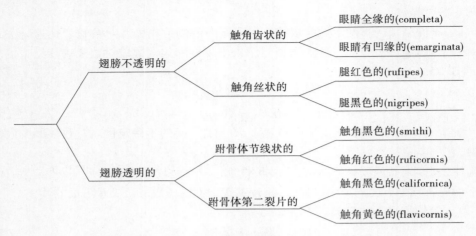

图 5.1　区分 8 种昆虫的二元分类检表(Mayr,1969)

$$\bar{f} = \sum_i p_i f_i \tag{5.6}$$

例 5.1 表明,样本的期望值是样本平均值的估计值。如果将 f_i 看做结果 i 的不确定性,利用式(5.6)可计算平均的不确定性(H),见式(5.7)。

$$H = \sum_i p_i H_i \tag{5.7a}$$

或

$$H = -K \sum_i p_i \log(p_i) \tag{5.7b}$$

例 5.1

表 5.1 是 11 个区间中 70 个成年男子体重的分布。总体重为 5052 kg,平均体重为 72.17 kg。列 f_i 表示每个分类中体重的中点值。用每种分类中的样本数量(x_i)除以样本总量可以得到每种分类出现的概率(p_i)。根据式(5.6)计算得到期望体重($\bar{f}$)为 72.36 kg。本例中期望体重比实际平均体重约大 3%。

表 5.1　70 个成年男子体重的分类(11 类)分布　　　　　　　　　　(单位:kg)

i	值域	f_i	x_i	p_i	个人体重
1	96 ~ 100	98	1	0.0143	98
2	91 ~ 95	93	1	0.0143	91
3	86 ~ 90	88	3	0.0429	86 86 87
4	81 ~ 85	83	11	0.1571	83 82 81 82 84 85 81 83 85 82 81
5	76 ~ 80	78	12	0.1714	77 76 80 76 76 78 79 78 78 77 80 79
6	71 ~ 75	73	14	0.2000	73 73 71 74 75 74 72 71 72 73 74 72 73 75
7	66 ~ 70	68	10	0.1429	69 66 68 68 66 70 70 68 67 69
8	61 ~ 65	63	8	0.1143	61 61 64 63 62 65 64 64
9	56 ~ 60	58	6	0.0857	57 60 57 58 56 56
10	51 ~ 55	53	3	0.0429	55 53 53
11	46 ~ 50	48	1	0.0143	49

　　如果对分类一无所知,通常会采用等概率假设,即假设所有分类出现的概率相等($p_i = 1/n, i = 1, 2, \cdots, n$)。通常称这个假设为不充分的贝努利原理。在该假设条件下,由式(5.7b)可推出最初的平均不确定性为式(5.8)。

$$H_{max} = -K \sum_i (1/n) \log(1/n) \tag{5.8a}$$

或

$$H_{max} = K \log n \tag{5.8b}$$

　　凭直觉,一无所知的情况下不确定性(H_{max})最大,可以严格证明事实上确实如此(Aczel 和 Daroczy, 1975)。

5.3　信息

　　对事件结果的分布一无所知时,所有结果最初的不确定性最大,这是一个非常有用的结论。最开始如果对事件结果的分布一无所知,那么增加任何关于结果分布的知识都会减少无知的范围,同时也减少结果的平均不确定性。由此可以自然而然地想到用平均不确定性的减少量来度量信息。至此,清晰地区分了不确定性和信息,不确定性可以直接测量,而信息度量的是不确定性的减少量。也就是,信息是指观测过去相似或相关事件减少的不确定性。

　　下面具体阐述信息的计算过程。首先确定事件最初的不确定性,在没有先验知识的情况下,事件最初的不确定性最大,记为 H_{max};其次计算分类结果出现的概率,通过观测分类结果 i 发生的频率(x_i)可估计不同分类结果出现的概率($p_i = x_i/m$, m 是观测的次数);然后计算后验不确定性,根据式(5.2)可计算后验的不确定性(H);最后计算信息量,用事件最初的不确定性减后验不确定性就可以得到 m 次观测中含有的信息量($H_{max} - H$),其中 H 是经过 m 次观测后余下的不确定性,增加样本可以进一步减少残留的不确定性。

　　需要强调的是,不能把 H 视为结果分布中隐含的信息(生态学文献中经常这样做)。不确定性可以视为多样性或复杂性的同义语,H 也可视为以后试验可获得的最大信息量,但不要将 H 视为信息。

例5.2

　　在例5.1中,如果开始对每个人的体重一无所知,根据式(5.8b)可计算先验不确定性($H_{max} = K \log 11$)。如果对数的底数取2,K 取1,那么可得 H_{max} 为3.4594 bits。1"bits"指一个简单的二元决策所具有的不确定性。

　　称取70个人的重量后,根据式(5.7b)计算后验不确定性(H),其中 p_i 的值取自表5.1。然后,用 $H_{max} - H$ 就可计算得到平均不确定性的减少量,本例的计算结果为0.4242 bits(0.4242 = 3.4594 − 3.0352),平均每个数据减少大约0.0061 bits 的不确定性。

表 5.2　根据式(5.7b)计算平均的不确定性(H)

i	p_i	$-\log_2 p_i$	$-p_i \log_2 p_i$
1	0.0143	6.1278	0.0876
2	0.0143	6.1278	0.0876
3	0.0429	4.5429	0.1949
4	0.1571	2.6702	0.4195
5	0.1714	2.5446	0.4361
6	0.2000	2.3219	0.4644
7	0.1429	2.8069	0.4011
8	0.1143	3.1291	0.3577
9	0.0857	3.5446	0.3038
10	0.0429	4.5429	0.1949
11	0.0143	6.1278	0.0876
			$-\sum_i p_i \log_2 p_i = 3.0352$

实际上,贝努利均匀分布($p_i = 1/n$)是先验分布中的一个特例。通常人们对实际分布有一些粗略的认识。例如,成年男子的体重很少超过 120 kg,也很少低于 50 kg,了解这些阈值有利于对结果分类。此外,开始也可以假定分布是正态分布或指数分布等。由式(5.2)可知,猜测结果分布(p_i^*)时分类结果 i 的先验不确定性为 $-K\log p_i^*$。同理可知,测量得到较精确的分布(p_i)时分类结果 i 的后验不确定性为 $-K\log p_i$。在此基础上,根据式(5.9)就可计算分类结果 i 不确定性的减少量。

$$-K(\log p_i^*) - (-K\log p_i) \tag{5.9a}$$

或　　　　　　　　　　　　　　　　$$K\log(p_i/p_i^*) \tag{5.9b}$$

将式(5.9b)视为式(5.6)中的 f_i,可计算得到不确定性的平均(期望)减少量,即获得的平均信息,见式(5.10)。

$$I = K\sum_i p_i \log(p_i/p_i^*) \tag{5.10}$$

式(5.9)的值可正可负,然而式(5.10)总是一个非负值。这是由对数函数的凹性决定的(Aczel 和 Daroczy,1975)。最差的情况是进一步增加测量样本也不能增加信息(即初始分布不变),通常分布的任何改变都能增加信息。

例 5.3

在例 5.1 的基础上,新增 930 个样本。表 5.3 中列 x_i 表示 1 000 个人的分类结果,列 p_i 记录的是后验概率,列 p_i^* 记录的是先验概率(引自例 5.1)。由于最初 70 个样本太少,大数定律几乎不起作用,本例中增加样本将 p_i^* 改进为 p_i。由式(5.10)计算可得,新增 930 个样本提供的信息为 0.028 bits(平均每个数据增加信息 0.00003 bits!)。

表 5.3 新增 930 个样本引起的平均不确定性的减少量

i	值域（kg）	x_i	p_i	p_i^*	$p_i\log_2(p_i/p_i^*)$
1	96~100	10	0.010	0.014	-0.005
2	91~95	21	0.021	0.014	0.012
3	86~90	62	0.062	0.043	0.033
4	81~85	130	0.130	0.157	-0.035
5	76~80	178	0.178	0.171	0.010
6	71~75	195	0.195	0.200	-0.007
7	66~70	176	0.176	0.143	0.053
8	61~65	120	0.120	0.114	0.009
9	56~60	71	0.071	0.086	-0.020
10	51~55	31	0.031	0.043	-0.015
11	46~50	6	0.006	0.014	-0.007
					$I=0.028$

上例的计算结果与直觉一致。最初的 70 个数据富含信息（平均每个数据含 0.0061 bits 的信息），也就是说观测这些样本可以有效地减少不确定性。增加同类现象的观测样本，减少的不确定性越来越少。要进一步减少 H，看来需要寻找相关现象的数据。

迄今为止，只是通过重复观测同类现象来获取信息。例 5.3 表明对同类现象的进一步观测，获取的信息量是不断降低的。对同类现象观测样本再多，通常也会残留很大的不确定性。因此需要调查相关事件，了解新现象能否减少余下的不确定性。例如，分析多年内某种鱼的捕获量，可能会发现 2 年前饲养地的盐度对现在的产量有影响。观测相关变量（盐度）能使最初变量（鱼类产量）的不确定性减少多少呢？即提供了多少信息呢？要回答这个问题，需要定义联合概率和条件概率。

联合概率，顾名思义，是指两个不同的事件同时或按一定顺序发生的概率。例如，如果 b_i 代表分类 i 的捕鱼量，a_j 代表分类 j 两年前的盐度，那么 $p(a_j,b_i)$ 表示 a_j 发生两年后 b_i 发生的概率。联合概率通常用矩阵形式的表格表示，见例 5.4。

用 a_j 发生的概率标准化联合概率，得到的是条件概率，见式（5.11）。

$$p(b_i|a_j) = p(a_j,b_i)/p(a_j) \tag{5.11}$$

$p(b_i|a_j)^*$ 可视为调整的概率。假设对 a_j 一无所知时，b_i 发生的概率为 $p(b_i)$，那么知道 a_j 发生的概率，就可将 b_i 发生的概率调整为 $p(b_i|a_j)$。有些书中称等式（5.11）为贝叶斯定理。

---

* 请不要混淆表示条件概率的竖线和表示除法的斜线。

例 5.4

将 Chesapeake 海湾蛤蜊的产量分为 3 类(b_1、b_2 和 b_3),其分类标准如下:

$$b_1 \quad > 3000 \text{ Mt}$$
$$b_2 \quad 1500 \sim 3000 \text{ Mt}$$
$$b_3 \quad < 1500 \text{ Mt}$$

将收获前 1 年海湾中央附近 1 月的最低气温分为 4 类(a_1、a_2、a_3 和 a_4),其分类标准如下:

$$a_1 \quad < -12 \text{ ℃}$$
$$a_2 \quad -10 \sim -12 \text{ ℃}$$
$$a_3 \quad -8 \sim -10 \text{ ℃}$$
$$a_4 \quad > -8 \text{ ℃}$$

假设有 50 个收获季节的数据,将联合事件发生的次数记录到交叉表中。

	a_1	a_2	a_3	a_4
b_1	9	3	3	1
b_2	2	6	5	2
b_3	2	3	4	10

要将这些联合事件发生的次数转化为联合概率,只需将每个元素除以总观察次数(50)即可。

		a_1	a_2	a_3	a_4	$p(b_i)$
	b_1	0.18	0.06	0.06	0.02	0.32
$p(a_j,b_i)$	b_2	0.04	0.12	0.10	0.04	0.30
	b_3	0.04	0.06	0.08	0.20	0.38
$p(a_j)$		0.26	0.24	0.24	0.26	1.00

上面的矩阵是扩展的联合概率矩阵。除了矩阵中央的联合概率外,矩阵最后 1 列和最后 1 行还列出了边缘概率。其中,最后 1 列是联合概率的行和($p(b_i) = \sum_j p(a_j, b_i)$),最后一行是联合概率的列和($p(a_j) = \sum_i p(a_j, b_i)$)。

如式(5.11)所示,将联合概率矩阵中的各元素($p(a_j|b_i)$)用各自的列和 $p(a_j)$ 标准化,就可得到条件概率 $p(b_i|a_j)$。

		a_1	a_2	a_3	a_4
	b_1	0.69	0.25	0.25	0.08
$p(b_i|a_j)$	b_2	0.15	0.50	0.42	0.15
	b_3	0.15	0.25	0.33	0.77

可用这些表格预测蛤蜊的产量(只有 50 年的数据,确实有点大胆!)。如果不知道去

年1月的气温,那么今年有好收成的概率只有0.32($p(b_1)=0.32$);如果去年1月的平均气温为-12.7℃(a_1),那么今年有好收成的概率将提高到0.69($p(b_1|a_1)=0.69$)。同理,在不知道去年1月气温的前提下,今年有中等收成的概率为0.30($p(b_2)=0.30$);如果去年1月的平均气温为-6℃(a_4),今年有中等收成的概率将降低为0.15($p(b_2|a_4)=0.15$)。如果去年1月的平均气温较高,那今年低产的可能性最大,为0.77($p(b_3|a_4)=0.77$)。

一旦清楚了条件概率的含义,计算观测a_j为b_i提供的信息就非常简单。根据式(5.2),b_i的先验不确定性为$-K\log(b_i)$;知道a_j后,b_i的不确定性变为$-K\log(b_i|a_j)$。简单相减,可得观测a_j后b_i不确定性的减少量,见式(5.12)。

$$\left[-K\log p(b_i)\right] - \left[-K\log p(b_i|a_j)\right] \tag{5.12a}$$

$$= K\log p(b_i|a_j) - K\log p(b_i) \tag{5.12b}$$

$$= K\log\left[p(b_i|a_j)/p(b_i)\right] \tag{5.12c}$$

对联合事件i和j而言,式(5.12c)表达的信息(减少的不确定性)并非都为正。然而将相应的联合概率作为它们的权重因子,加权后加总就得到一个非负值,称之为平均相互信息(McEliece,1977)。

$$A(b;a) = K\sum_i \sum_j p(a_j,b_i)\log\left[p(b_i|a_j)/p(b_i)\right] \tag{5.13}$$

A表示观测a_j后b_i最初不确定性(H)的减少量。显然H是A的上限,因而式(5.14)成立。

$$H \geqslant A \geqslant 0 \tag{5.14}$$

观测a_j不可能增加b_i最初的不确定性,最差的情况是不能为b_i提供任何信息($A=0$),或使H减少得比较少(Kullback(1959)阐述了A的统计含义)。

例5.5

在例5.4中,如果知道1月的气温,现在要计算蛤蜊产量不确定性的减少量。首先需要计算蛤蜊产量最初的不确定性。

$$H = \sum_{i=1}^{3} p(b_i)\log_2 p(b_i)$$

$$= -\left[0.32\log_2(0.32) + 0.30\log_2(0.30) + 0.38\log_2(0.38)\right]$$

$$= 1.58(\text{bits})$$

表5.4列出了根据式(5.13)计算不确定性的减少量(A)的过程。实际上,通过测量1月的气温,蛤蜊产量最初的不确定性只减少了0.27 bits,减少的比例只有17%。

对a_j和b_i可以有不同的解释。例如,在通信理论中a_j表示发送第j个密码,b_i表示接收第i个密码(接收和发送的符号相同时,系统传输的信息量最大!)。有些人试图使所有问题都和通信问题的形式一致,例如,视盐度为环境发出的"信号",鱼类的产量是鱼场接收到的"信息"。然而,这样的强求一致是不必要的,有时还会造成误解。信息论是通用的计算方法,对所有重复观测的问题都适用。a_j和b_i的组合方式非常多,如核苷酸序列第j个条目上的氨基酸和第i种显型特征;流体第j个单元上的动量分量与第i个单元上相应的动量分量；某国对国家 j 采取的政治行动和国家 i 态度的变化；经济中部门 j 的支出和部门 i 的收入；群落中物种 j 输出的物质和物种 i 吸收的物质等。

表 5.4　计算例 5.4 中前年气温为蛤蜊产量提供的平均相互信息

i,j	$p(a_j,b_i)$	$p(b_i\mid a_j)$	$p(b_i)$	$p(a_j,b_i)\log_2 p(b_i\mid a_j)/p(b_i)$
1,1	0.18	0.69	0.32	0.20
1,2	0.06	0.25	0.32	−0.02
1,3	0.06	0.25	0.32	−0.02
1,4	0.02	0.08	0.32	−0.04
2,1	0.04	0.15	0.30	−0.04
2,2	0.12	0.50	0.30	0.09
2,3	0.10	0.42	0.30	0.05
2,4	0.04	0.15	0.30	−0.04
3,1	0.04	0.15	0.38	−0.05
3,2	0.06	0.25	0.38	−0.04
3,3	0.08	0.33	0.38	−0.02
3,4	0.20	0.77	0.38	0.20
				$A = 0.27$ bits

最后 2 个例子与流量网络有关，与本书的主题紧密相关。将交换网络作为结点的交流环境可以发挥多大的作用呢？具体而言，就是网络中发生在某小室中的事件对其他小室的行为有多大影响呢？这些问题与发展的想法有紧密的联系，在第 6 章将说明 A 是阐明最后这个问题的合适工具。

5.4　小结

弄清楚信息的本质需要区分不确定性和信息。不确定性是指不能准确预知事件发生的结果，可以直接通过对事件结果出现的概率取对数来计算。信息是指不确定性的减少量，它的计算需要以事件结果的先验不确定性和后验不确定性的计算为基础。显然，不确定性和信息都与事件结果出现的概率紧密相关。通常增加现象的观测样本可以改进对事件结果出现概率的估计，从而可以减少事件结果的不确定性，据此很容易计算获取的信息。搜集相关事件的数据是改进对事件结果发生概率估计的另一种方式，改进的效果可以通过引入条件概率和联合概率来定量评价。在此基础上，本章引入了平均相互信息来量化相关现象为分析事件提供的信息。

6 描述

> "一个人能自主说明已经成熟,也说明他可以表达清楚,这是顺理成章的事情。因此,研究文明日益增多的表现形式,就是在分析文明的发展过程。"
>
> 汤因比
> 《历史研究》

6.1 网络的视角

长篇的基础知识终于介绍完了,现在可以开始描述增长与发展。在正式描述之前,先结合基础知识提纲挈领地总结一下怎样描述就会成功。读完第 5 章,读者应该很清楚信息论成功的原因。研究人员采用熵函数那样的对数函数形式定义了信息。通过这个定义,可以对一些习以为常的、重要的概念进行定量描述。信息论就是建立在熵函数这个完美无缺的数学定义的基础上。

广义上讲,热力学定律就是定义。热力学家在阐述第一定律时,提出了现代的能量概念;阐述第二定律时,又客观、定量地定义了常识性的不可逆。如此看来,这里就是要给增长与发展下个合理、定量的定义。

这个定义要具有怎样的特征呢? 从第 2 章阐述的视角来看,定义应该是宏观的、以现象观测为基础的。即定义必须是在整个系统的层次上,与更小尺度上的机理无关。只要定义是从真实的、观察到的现象中归纳总结出来的,它就是基于现象的定义。显然满足这样条件的定义具有普遍性;即除了适用于生态系统外,还适用于其他存在自主行为的系统——个体发生、经济、气象、社会或者其他系统。对增长与发展的描述如果具有这样的特征,那就与热力学原理一样,是一种普适性的原理。

要成为一种普适性的原理,就只能用最普通的术语来评价增长与发展。当然,最普通的术语通常含义非常丰富。流量是描述自然界中转化的一个普通概念,这在第 3 章有详细的说明。实际上,任何动力系统都可以理解成流量网络。此外,通过流量网络也可以描述复合现象对流量的间接影响。例如,有机体的行为、形态结构、遗传组成和物理环境的变化都影响生态系统流量网络的组分,因此流量的测量中包含了对这些影响因素的描述。

6.2 增长

既然描述的对象是流量网络,那自然要回答什么是网络的增长与发展。增长与发展实际上是指同一个过程的广延特征和强度特征。相比较而言,增长的特征更好理解。增长意味着增加或扩张,既可以表现在空间范围的扩大上,也可以表现在介质流量的增加上。在网络分析中如何反映增长的这两种表现形式呢？

在第 3 章中已经说明如何在网络中探讨生态系统的结构。将生态系统所涵盖的空间区域划分为小的单元（大多数情况下是栅格），然后将每个单元作为网络中的结点，用连接空间相邻结点的弧表示单元之间的物质输送，这样就形成了一个流量网络结构。扩大空间范围将增加结点的数目。如果生态系统是空间均质的，那么每个结点都代表一个生态实体（如物种或营养级）。结点数目的增加肯定是由于一些过程产生了新实体，比如物种形成或迁移过程。如果每个空间单元有 n 个生态组分，那么研究 m 个空间单元，相关网络的结点总数就有 $m \times n$ 个。由此可知，网络中小室的数量反映了网络的"大小"，因此小室数目的增加从一个方面反映了网络的增长。

介质流量的增加可以用流经某小室的介质数量来表示，即可以用该小室的吞吐量来表示结点的"大小"，这在第 3 章已介绍清楚。如此，整个系统的大小就可以用各个小室吞吐量和或系统总吞吐量来表示。从这个意义讲，增长即是系统总吞吐量的增加。现在，对系统总吞吐量不会再像最初听到时那么陌生了吧。在经济学中，经济的大小用国民生产总值（GNP）度量。严格来说，GNP 只是系统总吞吐量的一部分。然而实践中，很多人都将 GNP 增长等同于经济增长。

总之，流量网络的增长可以由小室数目和系统总吞吐量的增加来反映，其中系统总吞吐量可能更重要一些。

6.3　发展

相比增长，描述发展的特征更复杂一些。在字典里，发展的大多数释义与增长的特征相同。作为权宜之计，这里将发展定义为组织的增强，主要强调与系统大小无关的性质。这样定义的发展确实与系统的大小无关，但又引出了"什么是组织"的新问题。

先看字面上的解释。韦伯斯特在新大学生词典（G. C. Merriam Co. , 1981）中将动词"organize"定义为"将分散的事物整理成一个有序的整体，或使分散的事物形成具有一定功能的整体"。这与动词"articulate"的一个释义几乎一样，即"使分散的事物形成一个系统的整体，或使分散的事物与一个系统融为一体"。"articulate"的名词"articulation"还有清晰表达的意思。通过什么清晰表达呢？通过交换的流量来清晰表达。据此可以认为，在组织好的系统中，从一个小室流出的信号（流量）通过高度连通的（连接的和明确的）路径影响其他小室。换句话说，如果知道 t 时刻离开小室 i 的流量，那么在 $t + \theta$ 时刻小室 j 能接收多少信号（流量）？一个组织好的系统可以提供很多这方面的信息。

例 5.4 和 5.5 说明如何量化流量网络结构的清晰度。知道去年的气温可为今年蛤蜊的产量平均提供多少信息？这可以用平均相互信息（式（5.13））进行量化。知道前一刻每个小室的输出可为此刻小室的输入提供多少信息？这也可以用平均相互信息来量化；也就是说，平均相互信息可以量化交换（流量）网络的连通度（清楚连接）或组织程度。

图 6.1 有助于读者理解上面的陈述（Rutledge 等，1976；Hirata 和 Ulanowicz，1984）。图 6.1 中小室 0 表示源（即 D_i 的源头），在时刻 t 输入介质到系统中；小室 $n + 1$ 和 $n + 2$ 表示汇，在时刻 $t + \theta$ 接收离开系统的介质。流向小室 $n + 1$ 的流量可以被其他系统利用

（出口，E_i），而流向小室 $n+2$ 的流量是耗散（呼吸，R_i），不能被其他系统利用。

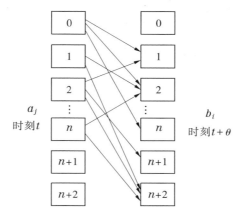

图 6.1　系统内各小室间的流量。 小室 0 代表所有外部投入的源，$n+1$ 代表有用出口的汇，$n+2$ 代表所有耗散的汇。左边的方框代表时刻 t 系统的结点，右边的方框代表时刻 $t+\theta$ 系统同样的结点。

$p(a_j)$ 表示在时刻 t 一定数量的介质离开结点 j 的概率，$p(b_i)$ 表示在时刻 $t+\theta$ 一定数量的介质进入结点 i 的概率。用式（5.13）可计算该流量结构提供的信息，即网络中某个结点的流动情况平均对其他结点有多大影响。

$$A(b;a) = K \sum_{i=0}^{n+2} \sum_{j=0}^{n+2} p(a_j,b_i)\log\left[p(b_i\,|\,a_j)/p(b_i)\right] \tag{6.1}$$

计算 A 值，首先要用实测流量估计式（6.1）中的概率。将从室 j 流入室 i 的流量记为 T_{ji}，那室 j 的总输出就可记为 $T_j = \sum_{i=0}^{n+2}T_{ji}$（见式（3.3）），室 i 的总输入可记为 $T_i' = \sum_{j=0}^{n+2}T_{ji}$（见式（3.2））。如此，系统总吞吐量可记为 $T = \sum_{j=0}^{n+2}T_j = \sum_{i=0}^{n+2}T_i'$（注意 $T_{oi} = D_i, T_{j,n+1} = E_j, T_{j,n+2} = R_j$）。$p(a_j)$ 可用式（6.2）估计，并用 Q_j 表示；$p(b_i)$ 可用式（6.3）估计，并用 Q_i' 表示。

$$Q_j = p(a_j) \sim T_j/T \tag{6.2}$$

$$Q_i' = p(b_i) \sim T_i'/T \tag{6.3}$$

从室 j 流进室 i 的流量为 T_{ji}，因此联合概率可以估计为式（6.4）。

$$p(a_j,b_i) \sim T_{ji}/T \tag{6.4}$$

据式（5.11），条件概率可用式（6.4）除式（6.2）来估计，见式（6.5）。

$$p(b_i\,|\,a_j) = p(a_j,b_i)/p(a_j) \sim T_{ji}/T_j \tag{6.5}$$

不难发现，表示条件概率的式（6.5）就是第 3 章中说明的分配系数。

$$T_{ji}/T_j = f_{ji} \tag{6.6}$$

简单变换，可将联合概率记为分配系数和 Q_j 的乘积，见式（6.7）。

$$p(a_j,b_i) = p(b_i\,|\,a_j)p(a_j) \sim f_{ji}Q_j \tag{6.7}$$

最后，将式（6.3）、式（6.5）、式（6.6）和式（6.7）代入式（6.1），可以用测量的流量表示网络中固有的平均信息，见式（6.8）。

$$A(b;a) = K \sum_{i=0}^{n+2} \sum_{j=0}^{n+2} f_{ji}Q_j\log(f_{ji}/Q_i') \tag{6.8}$$

例 6.1

计算锥泉生态系统网络(图3.2)的平均相互信息,单位为 K。

例3.5已经计算了分配系数,为了清楚起见,这里再重复计算一次。可将5个小室和代表其余部分的3个结点之间的流量用一个 8×8 的流量矩阵表示,见下表。

	0	1	2	3	4	5	6	7	行和
0	0	11184	635	0	0	0	0	0	11819
1	0	0	8881	0	0	0	300	2003	11184
2	0	0	0	5205	2309	0	860	3109	11483
3	0	0	1600	0	75	0	255	3275	5205
4	0	0	200	0	0	370	0	1814	2384
5	0	0	167	0	0	0	0	203	370
6	0	0	0	0	0	0	0	0	0
7	0	0	0	0	0	0	0	0	0
列和	0	11184	11483	5205	2384	370	1415	10404	42445

表中最后一列是行和,最后一行是列和。右下角是系统总吞吐量。由于系统是平衡系统(处于稳定状态),小室1到小室5的列和与行和相等,而且小室6和小室7的列和等于小室0的行和。将表中的元素用各自的行和标准化就得到分配系数(f_{ji}),见下表。

	0	1	2	3	4	5	6	7
0	0	0.946	0.054	0	0	0	0	0
1	0	0	0.794	0	0	0	0.027	0.179
2	0	0	0	0.453	0.201	0	0.075	0.271
3	0	0	0.307	0	0.014	0	0.049	0.629
4	0	0	0.084	0	0	0.155	0	0.761
5	0	0	0.451	0	0	0	0	0.549
6	0	0	0	0	0	0	0	0
7	0	0	0	0	0	0	0	0

用 T 标准化各行和及各列和可得 Q_j 和 Q_i'。

$$
(Q) = \begin{pmatrix} 0.278 \\ 0.263 \\ 0.271 \\ 0.123 \\ 0.056 \\ 0.009 \\ 0 \\ 0 \end{pmatrix} \qquad (Q') = \begin{pmatrix} 0 \\ 0.263 \\ 0.271 \\ 0.123 \\ 0.056 \\ 0.009 \\ 0.033 \\ 0.245 \end{pmatrix}
$$

现在,计算平均相互信息所需元素的值均已求得。将式(6.8)中的各项用矩阵形式表达(见下表),加总表中的所有元素就得到平均相互信息。由于当 x 趋于 0 时,$x\log x$ 的极限值为 0,因此分配系数为零($f_{ji}=0$)的流量对平均相互信息没有贡献,表中对应的值是零。计算中对数底数取 2。

	0	1	2	3	4	5	6	7	
0	0	0.486	-0.035	0	0	0	0	0	0.451
1	0	0	0.325	0	0	0	-0.002	-0.021	0.301
2	0	0	0	0.231	0.100	0	0.024	0.011	0.366
3	0	0	0.007	0	-0.003	0	0.003	0.105	0.112
4	0	0	-0.008	0	0	0.036	0	0.070	0.098
5	0	0	0.003	0	0	0	0	0.006	0.009
6	0	0	0	0	0	0	0	0	0
7	0	0	0	0	0	0	0	0	0
	0	0.486	0.292	0.231	0.097	0.036	0.025	0.169	1.336

因此,锥泉生态系统网络的平均相互信息为 1.336 K bits。

例 6.2

图 6.2 中 3 个封闭的流量网络有相同的系统总吞吐量,都为 96 个单位。其中图 6.2(a)所示网络的连通度最大,每个小室都和其他的小室交换相同数量的介质。有介质从某个小室流出,最可能流入哪个小室呢?对此,图 6.2(a)提供不了任何信息。一般来说,任意流量的去向是高度不确定的,因而这个网络结构的清晰度很低。此时 A 等于零也证明了这点。

图 6.2(b)所示网络稍微清晰一些。每个小室流出的流量平均分配到其余 3 个小室中的 2 个。比如知道从某个小室(如 3)流出了一定数量的介质,那么有 2 个小室(该例中为 2 和 3)将被排除在接收者之外。此时 A 值为 1K(计算过程中对数底数取 2,A 值为 1

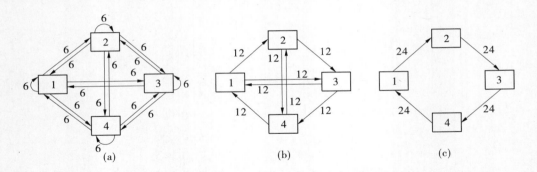

图 6.2　三个清晰度不同的假想封闭网络,四个结点之间流动的流量共计 96 个单位。
(a)连通度最大但最不清晰的结构。(b)中等清晰的流量结构。(c)最清晰的流量结构。

说明图 6.2(b)中为流量分配接受者的过程要经过一个简单的二元决策。一般来说,就是从 4 个流动路径中分出哪两个流动路径是允许的,哪两个是不允许的。)。

图 6.2(c)的清晰度最高。一旦知道流量从哪个小室流出,对它的去向就一目了然。此时 A 值为 2K,对 4 个结点组成的网络而言这是可获得的最大平均相互信息。此外,A 值为 2 反映了确定每个小室流量的去向需要经过 2 次二元决策。

6.4　同时发生的增长与发展

前已述及,增长与发展是同一过程的两个方面。然而,英语中没有哪个单词同时包含了这两层意思。迄今为止,增长和发展一直是分开表示的。通常,用系统总吞吐量表示系统的大小,但它缺乏系统组织的信息;用平均相互信息量化流量网络的组织,但它没有充分反映系统的大小。

现在标度平均相互信息用的是常数 K,在与信息有关的变量中都会用到它。通常,K 定义了信息的单位。K 取 1 时,对数底数不一样,信息的单位也不一样。如果对数底数取 2,则信息的单位为“比特”(如例 5.2 中);如果对数底数取自然对数,那么信息的单位为“奈特”;如果对数底数取 10,那么信息的单位就是“哈特利”。在早期的信息论著作中,对数底数大多是指定的,并设定 K 为 1,没有对 K 展开讨论。然而,Tribus 和 McIriven (1971)提出,引入 K 是为了表征它标度指标的物理大小。在流量网络分析中,网络的大小(或规模)已经用系统总吞吐量表征,因此这里用 T 取代 K。相应地,式(6.8)可变为式(6.9)。

$$A = T \sum_{i=0}^{n+2} \sum_{j=0}^{n+2} f_{ji} Q_j \log(f_{ji}/Q_i') \tag{6.9}$$

式(6.9)包含了表征系统大小和组织的因素。其中系统的大小(广延因素)用 T 和小室数目 n 表征,系统的结构(强度因素)用 Q_i' 和 f_{ji} 表征,组织则用相互信息表征。显然,式(6.9)将“大小和组织”融为了一体,今后用术语“上升性(Ascendency)”来表示。因此,以网络大小增加和组织增强为特征的“增长与发展”就可以解释成上升性的增加。

选择“上升性”是因为这个词具有双重含义。很明显,上升性具有支配和霸权的意思,这反映了大小和组织的优势。一个系统要战胜其他系统(真实的或想象的),它的大小和组织必须组合适当。因为单有大的优势并不能保证成功,《旧约圣经》中巨人歌利亚就是被牧羊人大卫用石头打死的。相反,单有组织优势也不行。像卢森堡这样的小国家,即使武器装备精良,也很难凭一己之力长期抵御超级大国的肆意侵犯。这里的目的是用式(6.9)量化融合了大小和组织的上升性。另外,上升性的词根是动词"上升"或"增加"。根据定义,增长与发展网络的上升性肯定会增加。无论是否存在竞争或控制,系统都可以自发地从无序迈向有序。

6.5 动态平衡中产生的上升性

在这个世界上,存在很多像好与坏、阴和阳这样对抗的作用力。世界的秩序是这些对抗的作用力竞争形成的,这是古时的一个至理名言。不需要任何具体的类比,也可以认为增长与发展(或增加的上升性)是由两种对抗的作用力相互竞争形成的。将式(6.9)改写成不同的形式(由 Hirata 提出)有助于理解上面的观点。对式(6.9)中对数里面的分子和分母同乘 Q_j,可得式(6.10)。

$$A = T \sum_{i=0}^{n+2} \sum_{j=0}^{n+2} f_{ji} Q_j \log(f_{ji} Q_j / Q_j Q_i') \tag{6.10}$$

利用对数的性质,很容易将式(6.10)拆分为 3 项,见式(6.11)。

$$A = T \sum_{i=0}^{n+2} \sum_{j=0}^{n+2} f_{ji} Q_j \log(f_{ji} Q_j) - T \sum_{j=0}^{n+2} \left[\sum_{i=0}^{n+2} f_{ji} \right] Q_j \log Q_j - T \sum_{i=0}^{n+2} \left[\sum_{j=0}^{n+2} f_{ji} Q_j \right] \log Q_i' \tag{6.11}$$

分析方括号中的项,易知式(6.12)、式(6.13)成立。

$$\sum_{i=0}^{n+2} f_{ji} = \sum_{i=0}^{n+2} T_{ji} / T_j = T_j / T_j = 1 \tag{6.12}$$

$$\sum_{j=0}^{n+2} f_{ji} Q_j = \sum_{j=0}^{n+2} (T_{ji}/T_j)(T_j/T) = (\sum_{j=0}^{n+2} T_{ji})/T = T_i'/T = Q_i' \tag{6.13}$$

因此,可将式(6.11)改写为式(6.14)。

$$A = -T \sum_{j=0}^{n+2} Q_j \log Q_j - T \sum_{i=0}^{n+2} Q_i' \log Q_i' - \left[-T \sum_{i=0}^{n+2} \sum_{j=0}^{n+2} f_{ji} Q_j \log(f_{ji} Q_j) \right] \tag{6.14}$$

上式中的 3 项与熵函数(式(5.7b))具有同样的形式。其中前 2 项是根据输出和输入定义的,称为产出熵和投入熵(参见式(6.2)和式(6.3));第 3 项是根据联合概率定义的(参见式(6.7)),称为联合熵。联合熵是由小室间的相互联系(f_{ji})产生的。

式(6.14)中,前 2 项代表结点之间流量分布的不确定性。网络系统受到如物种形成、物种迁入和随机干扰等过程的影响,前 2 项的值都会增加。需要注意的是,这样的影响也会增加第 3 项的值。这说明在没有选择压力的情况下,自然产生的链接或现有链接的随机变化最终都会增加联合熵。如果以随机的方式将小室连接起来,那么结果将如图 6.2(a)所示的那样,联合熵的期望值正好等于投入熵和产出熵的和。然而,非随机选择(如第 4 章中讨论的正反馈)都会阻碍联合熵增加,有时甚至会使联合熵减少,从而增加系统的上升性。

通过简化结构或提高结点效率来减少联合熵是过去演化研究的重点。然而也需要注意,无序事件即增加投入熵和产出熵,也能促进增长与发展。这里重申一下 Atlan(1974)的观点,无序事件能持续提供新物种,这些新物种可以组合形成新的系统结构来应对环境变化。Conrad(1983)详细描述了这种适应性,并极力强调了它在系统演化中的重要作用。

6.6　增长与发展的限制因素

另外一个古时的至理名言是,任何事物都不可能无限增长。事物的增长会受时间、空间或物质因素的约束。显然,这些约束因素也会限制系统的上升性。这些因素如何限制 A 增长? 将式(6.10)分解成下式中的 2 项对理解这个问题非常有用。

$$A = - T \sum_{j=0}^{n} Q_j \log Q_j - \left[- T \sum_{i=0}^{n+2} \sum_{j=0}^{n+2} f_{ji} Q_j \log(f_{ji} Q_j / Q_i') \right] \tag{6.15}$$

式(6.15)中后 1 项($- T \sum_{i=0}^{n+2} \sum_{j=0}^{n+2} f_{ji} Q_j \log(f_{ji} Q_j / Q_i')$)称为条件熵(值是非负的),它测量了流量结构确定后系统残留的不确定性。将非负的 A 表达成两个非负项的差后,很容易看出式(6.15)的第 1 项是 A 的上限。这个上限称为发展能力,并记为 C。

$$C = - T \sum_{j=0}^{n} Q_j \log Q_j \tag{6.16}$$

同时,式(5.14)也表明 C 是 A 的上限,即式(6.17)。

$$C \geqslant A \geqslant 0 \tag{6.17}$$

由此可见,限制 C 增加的因素也会限制 A 增加。限制 C 增加的因素有 2 个,即系统总吞吐量 T 和小室数目 n(如式(5.8b)所示)。

系统总吞吐量(T)最终受总投入量的限制。尽管介质通过循环或转化可以增加 T,但每次转化必然存在耗散。耗散会使循环的流量衰减,即循环结束时的流量要小于开始时的流量(如例4.1)。经过 m 次循环后,余下的流量和流量衰减因子的 m 次幂成正比。由于衰减因子小于1,若一定的流量无限循环下去,加总每次循环结束时的流量就可以得到一个存在极限值的无限系列(式(3.11)的一种标量形式)。因此,循环本身不能使 T 无限增加。

增加小室数目的确会增加式(6.16)的值,但这种趋势也不可能无限延伸。在发展的早期阶段,经常可以观察到物种增殖现象。然而,这种趋势会受到实际条件的约束。将可获得的介质分配给更多的小室,必然导致每个小室的平均吞吐量降低。肯定有些小室的吞吐量会非常小,一遭受随机干扰就会灭绝。最终,恶劣的环境会阻止群落分解为无限多的组分。

相反,在适宜的、受随机干扰少的环境条件下,可以存在更多的物种,因此单位投入增加的发展能力也大。我们熟悉的热带雨林是具有高发展能力的生态系统。相对其他生态系统而言,热带雨林的自然环境更可预测。尽管获取介质的来源很少,但大量的循环使它的 T 增加迅速,同时干扰比较少,这又允许更多的物种存在。因此,热带雨林的发展能力很高。

例6.3

计算锥泉生态系统网络的发展能力。

例6.1已经计算了锥泉生态系统的 Q_j 和系统总吞吐量。

$$T = 42445 \ \text{kcal m}^{-2}\text{a}^{-1}, \quad Q = \begin{pmatrix} 0.278 \\ 0.263 \\ 0.271 \\ 0.123 \\ 0.056 \\ 0.009 \\ 0 \\ 0 \end{pmatrix}$$

将上述值代入式(6.16)可得:

$$C = T \times \left(- \sum_{i=0}^{n} Q_j \log Q_j \right)$$
$$= 42445 \times (2.1951)$$
$$= 93172 \ \text{kcal bits m}^{-2}\text{a}^{-1}$$

第2.2节指出热力学功是有序的过程。当研究介质是能量时,上升性 A 和功的单位相同。式(2.5)表明总能量是可做功能量的上限,同理发展能力也是功的上限。系统并不是所有的能量都能用来做功。与此类似,并不是所有的发展能力都能表现为有组织的流量结构。由于其他原因,流量网络的条件熵通常不能表现为有组织的流量结构。今后称条件熵为系统的杂项开支,记为 Φ。显然,系统的杂项开支是限制 A 增加的另一个因素。

分析的网络中有4类流量(投入、小室间的转化、出口和耗散),杂项开支 Φ 也可以分解成对应的4个部分。从图6.1可知,$f_{jo} = f_{n+1,i} = f_{n+2,i} = 0$,由此可将 Φ 分解成式(6.18)。

$$\Phi = - T \sum_{i=0}^{n+2} \sum_{j=0}^{n+2} f_{ji} Q_j \log(f_{ji} Q_j / Q_i')$$
$$= - T \sum_{i=1}^{n} f_{oi} Q_o \log(f_{oi} Q_o / Q_i')$$
$$- T \sum_{i=1}^{n} \sum_{j=1}^{n} f_{ji} Q_j \log(f_{ji} Q_j / Q_i')$$
$$- T \sum_{j=1}^{n} e_j Q_j \log(e_j Q_j / Q_{n+1}')$$
$$- T \sum_{j=1}^{n} r_j Q_j \log(r_j Q_j / Q_{n+2}') \tag{6.18}$$

式(6.18)中,用 $e_j(=E_j/T_j)$ 和 $r_j(=R_j/T_j)$ 替换了 $f_{j,n+1}$ 和 $f_{j,n+2}$,分别表示各小室的出口和呼吸占小室总吞吐量的比例。由于 $\sum_{j=0}^{n} f_{ji} Q_j = Q_i'$,立即可以推出式(6.18)中每个对数函数的自变量都小于或等于1,这意味着 Φ 的各项都是非负的。将式(6.18)中的4项分别简记为 Φ_o、Φ_r、Φ_e 和 Φ_s。

例 6.4

计算例 6.1 中锥泉生态系统网络的 4 项杂项开支。

例 6.1 已经得出了计算式(6.18)所需的值,将它们代入式(6.18)后计算结果如下:

$$\Phi_o = 2652 \text{ kcal bits m}^{-2}\text{a}^{-1}(2.8\%C)$$
$$\Phi_r = 10510 \text{ kcal bits m}^{-2}\text{a}^{-1}(11.3\%C)$$
$$\Phi_e = 1920 \text{ kcal bits m}^{-2}\text{a}^{-1}(2.1\%C)$$
$$\Phi_s = 21364 \text{ kcal bits m}^{-2}\text{a}^{-1}(22.9\%C)_o$$

据此,可得总的杂项开支为 36446 kcal bits m^{-2}a^{-1},占 C 的 39.1%。

增加 A 的一个途径就是减少 Φ。依次检查 Φ 的 4 个组分来探讨减少 Φ 的途径,首先检查 Φ_o,显然将所有投入集中到 1 个小室,可以使 $\sum_{i=1}^{n} f_{oi}Q_o \log(f_{oi}Q_o/Q_i')$ 最小,从而最小化 Φ_o。然而,对其他小室追加投入增加 Φ_o 也增加 T,而且经过循环增加的 T 要高于增加的 Φ_o。这在一定程度上可以缓解将所有投入集中到 1 个小室的趋势。当每个小室只有 1 个输入或 1 个输出,且输入流量和输出流量平衡时,内部功能的冗余 Φ_r 最小。此时 Φ_r 中每个对数函数的自变量均为 1,因此 $\Phi_r = 0$。出口和耗散项与此相似,当将所有的行为集中在 1 个小室时,它们的值最低。原则上,出口可能集中发生在 1 个小室上,但耗散却不能,热力学第二定律说明每个小室肯定都存在耗散。因此,Φ_s 必须大于零。

例 6.5

图 6.3 所示的假想网络类似标准的管理等级体系。该网络的发展能力为 158.3 流量比特[1],其中 62.4% 为上升性,37.6% 为耗散的杂项开支(Φ_s)。杂项开支的其余 3 项 Φ_r、Φ_o 和 Φ_e 均为 0。尤其内部功能没有冗余($\Phi_r = 0$),这使网络的结构非常清晰。

图 6.3 所示的拓扑结构是典型的组织结构。由于这种树形网络结构的发展能力耗散掉的份额很大,因而具有循环或反馈的组织可以淘汰等级严格的组织。

杂项开支(Φ)对网络拓扑结构的变化非常敏感。怎样的网络结构杂项开支最小(上升性最大)?探讨这个问题显然有助于更好地理解上升性。为了让 Φ 最小,暂时假定耗散可以忽略不计。不失一般性,假定网络的总吞吐量为 40 个流量单位,结点数为 4。平均分配吞吐量到 4 个小室,这时网络的发展能力最大。杂项开支要最小,每个小室只能有一个输入和一个输出。最小化杂项开支的网络结构有很多,但它们都是图 6.4 所示的 3 个基本拓扑结构的组合。

图 6.4(a)所示的拓扑结构是一种静态结构(或热力学的平衡态),其中自反馈环可以代表储存(见 3.4 节)。通常,这样的结构(或缺失结构)既不是开放系统的结构,也不是生命系统的结构。值得注意的是,如果外部交换对上升性起主导作用,这样的系统就将崩溃或死亡(达到平衡点)。

图 6.4(c)的结构就像变魔术变出来的一样!神不知鬼不觉,代表外部世界的第 5 个

---

[1]　"流量比特"中的"流量"代表流量的单位。(译者注)

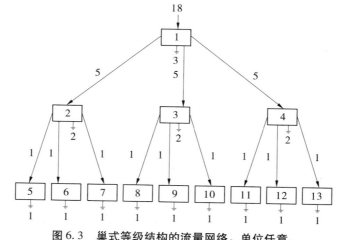

图6.3　巢式等级结构的流量网络。单位任意。

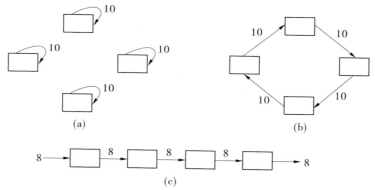

图6.4　3种杂项开支最小的网络结构。每个网络的拓扑结构都非常清晰：
(a)4个独立的自反馈环；(b)1个反馈环；(c)直链网络。

结点就不见了。由于直链是开放系统,因此它比其他2个网络的上升性高(直链的上升性为464个单位,而图6.4(a)和图6.4(b)都只有320个单位)。可以认为非循环非自主的网络(图论中所说的树)是直链网络的附属性质。当自然系统远离平衡态时,上升性增加会驱使系统选择耗散最小的结构(Prigogine,1947)。

例6.6

在图6.5这个极其简单的网络中,两个小室转换介质的效率相同,都为$1-r$,其中r是呼吸系数。不失一般性,假设小室1的投入为1个单位,那么小室2的输出为$(1-r)^2$个单位。当呼吸系数r降低,即小室变得更有效时,上升性如何变化呢?

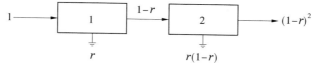

图6.5　两个过程组成的初级链,介质的转换效率均为$1-r$。

将图中的吞吐量按图 6.1 的结构记录如下：

$$T_0 = 1 \qquad\qquad\qquad\qquad T'_0 = 0$$
$$T_1 = 1 \qquad\qquad\qquad\qquad T'_1 = 1$$
$$T_2 = 1 - r \qquad\qquad\qquad T'_2 = 1 - r$$
$$T_3 = 0 \qquad\qquad\qquad\qquad T'_3 = (1 - r)^2$$
$$T_4 = 0 \qquad\qquad\qquad\qquad T'_4 = r(2 - r)$$

根据 6.3 节介绍的公式，很容易求得指标 T、Q_j 和 Q'_i。

$$T = \sum_{i=0}^{4} T_i = \sum_{i=0}^{4} T'_i = 3 - r$$

$$Q_0 = 1/(3-r) \qquad\qquad\qquad Q'_0 = 0$$
$$Q_1 = 1/(3-r) \qquad\qquad\qquad Q'_1 = 1/(3-r)$$
$$Q_2 = (1-r)/(3-r) \qquad\qquad Q'_2 = (1-r)/(3-r)$$
$$Q_3 = 0 \qquad\qquad\qquad\qquad Q'_3 = (1-r)^2/(3-r)$$
$$Q_4 = 0 \qquad\qquad\qquad\qquad Q'_4 = r(2-r)/(3-r)$$

同样也容易求得分配系数

$$f_{01} = 1$$
$$f_{12} = f_{13} = 1 - r$$
$$f_{14} = f_{24} = r$$
$$其他 f_{ij} = 0$$

将 T、Q_j、Q'_i 和 f_{ij} 的值代入式(6.9)可得：

$$A = (3 - r)\log(3 - r) - (1 - r)^2\log(1 - r) - r(2 - r)\log(2 - r)$$

当输入介质完全耗散（$r = 1$）时，A 等于 2log2。当介质完全转换时（$r \rightarrow 0$），A 接近 3log3。

对 A 求导可得：

$$dA/dr = 2(1 - r)\log[(1 - r)/(2 - r)] - \log(3 - r)$$

上式表明在 r 的取值范围内（$0 \sim 1$），上升性对 r 的导数始终为负数。也就是说，A 随 r 减少而持续增加（见图 6.6）。

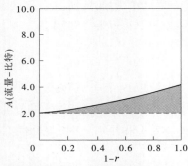

图 6.6　图 6.5 所示网络的上升性与组分效率（$1-r$）之间的关系图

如果 r 取 1，小室 1 就可看做 1 个自反馈系统，这时系统的 A 值为常数 2log2。因此，图 6.6 中实线和虚线之间的差值表示增加另外的小室后增加的系统上升性。由此可知，增加小室的效率和直链的长度,直链系统的上升性都将增加。减少耗散可以提高非自主直链系统的上升性,这和普里高津的假说一致。

上面对杂项开支的讨论表明,可用系统的上升性占发展能力的比值(A/C)度量网络的"效率"。通常,网络效率高的系统是由热力学效率高的组分(Φ_s 较小)组成的,并且组分是以线性方式连接在一起的(Φ_r 很小)。

6.7 自主的增长与发展

图 6.4(a)和图 6.4(c)这样的系统只能通过最小化杂项开支才能增加上升性。显然,以这样的网络为基础不能形成生命系统的结构。与之不同的是理想反馈环结构(图 6.4(b)),第 4 章已说明它是生命系统自主行为的先决条件。这种反馈环可以产生调整生命网络组分的选择压力。另外,反馈增加的吞吐量使内部循环成为上升性的主要组成部分。

例 6.7

让图 6.5 中小室 2 的输出输回小室 1,就可以形成内部反馈环(见图 6.7)。为了分析反馈条件下 A 和 r 之间的关系,对流量进行了调整以使系统处于稳定状态。r 的含义同例 6.6。

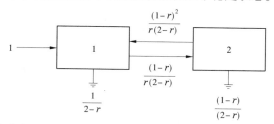

图 6.7 两个小室之间的初始反馈环。与图 6.5 相同,每个结点的效率为 $1-r$。

A 的计算同例 6.6,读者可以自己完成,这里只列出计算结果。

$$A = \log[(2-r)(1+r)] + \{[(1-r)/r(2-r)]\log[(2-r)(1+r)]$$
$$+ [(1-r)^2/r(2-r)]\log[(1-r)(2-r)(1+r)]\} + \log(1+r)$$

与例 6.6 相同,当 $r=1$ 时,$A=2\log 2$;但与例 6.6 不同的是,当 r 趋近于零时,A 将无限增长,如图 6.8 所示。

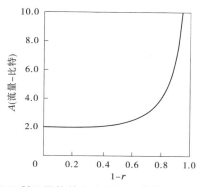

图 6.8 图 6.7 所示网络的上升性与组分效率($1-r$)之间的关系

　　分析上面 A 的表达式,很容易描述再循环的影响。当 r 等于 1 时,大括号内的项为 0,第 1 项和最后 1 项的和为 2log2。其中第 1 项由投入流产生,最后 1 项由呼吸流产生。当 r 趋近于 0 时,上升性由大括号内的项支配。大括号内的 2 项由内部转换 T_{12} 和 T_{21} 产生,它们代表反馈。因此,条件合适时内部正反馈可以主导上升性。

　　如果上升性的增加描述了生命系统的增长与发展,那么在上升性函数中应该包含内部正反馈的作用。为了研究上升性与内部正反馈的关系,将式(6.9)分解为式(6.19)中的 4 项(参见 3.2 节)非常有用。

$$A = T\sum_{i=1}^{n} f_{oi}Q_o\log(f_{oi}/Q_i') + T\sum_{i=1}^{n}\sum_{j=1}^{n} f_{ji}Q_j\log(f_{ji}/Q_i')$$
$$+ T\sum_{j=1}^{n} e_jQ_j\log(e_j/Q'_{n+1}) + T\sum_{j=1}^{n} r_jQ_j\log(r_j/Q'_{n+2}) \qquad (6.19)$$

　　式(6.19)中第 1 项是外部系统的投入产生的上升性,记为 A_o;第 2 项是内部交换产生的上升性,记为 A_I;第 3 项是有用输出产生的上升性,记为 A_e;最后 1 项是耗散产生的上升性,记为 A_s。因此,式(6.19)可以简化表示成式(6.20)。

$$A = A_o + A_I + A_e + A_s \qquad (6.20)$$

　　A_I 中对数自变量的分子和分母同乘 Q_j,可得式(6.21)。然后采用与式(6.11)类似的分解方式可将 A_I 分解成式(6.24)。式(6.22)和式(6.23)是中间的变化步骤。

$$A_I = T\sum_{i=1}^{n}\sum_{j=1}^{n} f_{ji}Q_j\log(f_{ji}Q_j/Q_jQ_i') \qquad (6.21)$$

$$A_I = T\sum_{i=1}^{n}\sum_{j=1}^{n} f_{ji}Q_j\log(f_{ji}Q_j/Q_i') - T\sum_{j=1}^{n}\Big[\sum_{i=1}^{n} f_{ji}\Big]Q_j\log Q_j \qquad (6.22)$$

由于对所有 j, $\sum_{i=1}^{n+2} f_{ji} = 1$,因此式(6.23)成立。

$$\sum_{i=1}^{n} f_{ji} = 1 - e_j - r_j \qquad (6.23)$$

用式(6.23)代替式(6.22)方括号内的项,重新整理后可得式(6.24)。

$$A_I = -T\sum_{j=1}^{n} Q_j\log Q_j -$$
$$\Big\{-T\sum_{j=1}^{n} e_jQ_j\log Q_j - T\sum_{j=1}^{n} r_jQ_j\log Q_j - T\sum_{i=1}^{n}\sum_{j=1}^{n} f_{ji}Q_j\log(f_{ji}Q_j/Q_i')\Big\} \qquad (6.24)$$

　　式(6.24)中的第 1 项和发展能力非常相似,唯一不同的是它缺少外部投入项(即 $j=0$ 的项),为了区别称之为内部发展能力 C_I。很明显 C_I 的上限就是总发展能力 C。大括号内的第 1 项是向外界系统输出有用介质产生的上升性,称之为“贡品”并记为 E;大括号内的第 2 项是耗散损失产生的上升性,将之记为 S(不可逆热力学中通常用 σ 代表耗散)。根据前面的介绍,很容易确定这 2 项都是非负的。然而只有系统处于稳定状态(对所有 $i=1,n;Q_i=Q_i'$)时才能确定大括号内的最后 1 项非负,它量化了系统内部连接的模糊度。产生这种模糊度的主要原因是任意小室之间的多条路径,因此该项反映了网络的功能冗余(Rutledge 等,1976),记为 R(据式(6.18)有 $R=\Phi_r$)。今后将功能冗余简称为“冗余”。需要提醒读者注意的是,不要混淆这里的冗余与通信理论中常用的冗余,它们的含义截然不同。

6.8　自主增长与发展的限制因素

将式(6.24)改写为式(6.25),可知内部上升性(A_I)与总上升性形式相似。

$$A_I = C_I - (E + S + R) \tag{6.25}$$

式(6.25)是本书作者于1980年首次提出的。式(6.25)与式(2.5)和式(6.15)形式相同,圆括号内各项的和称为内部杂项开支。

内部杂项开支对内部上升性增加的限制比 Φ 对 A 增加的限制更严格。例如,观察 S 和 E 的形式,很容易发现流向外部世界的任何损失都会减损内部上升性。很简单就可以证明式(6.26)和式(6.27)成立。

$$E = \Phi_e + A_e \tag{6.26}$$
$$S = \Phi_s + A_s \tag{6.27}$$

由于 Φ_e 和 Φ_s 都是非负值,因此式(6.28)和式(6.29)成立。

$$E \geqslant A_e \tag{6.28}$$
$$S \geqslant A_s \tag{6.29}$$

换句话说,系统内部发展能力的损失通常要超过它们对总发展能力的贡献。

例6.8

计算例6.1中锥泉生态系统的内部发展能力、内部上升性和各项内部杂项开支。

和例6.4相同,将合适的数值代入定义的等式就可以得到要求的值。

式(6.24)中的第1项是内部发展能力(C_I),它等于总发展能力(C)减去投入对总发展能力的贡献,计算可得内部发展能力(C_I)等于71372 kcal bits m^{-2}a^{-2}。据式(6.21)可得内部上升性(A_I)为29332 kcal bits m^{-2}a^{-2},即内部发展能力的41%。例6.4已计算出冗余(R)为10510 kcal bits m^{-2}a^{-2},它是 C_I 的14.7%。式(6.24)中的第3项耗散(S)为28558 kcal bits m^{-2}a^{-2},为 C_I 的40%。式(6.24)中的第2项贡品(E)仅有2971 kcal bits m^{-2}a^{-2},为 C_I 的4.2%。A_I 比 A 的一半稍多一点($A_I/A = 0.517$),这表明系统强烈地受到投入和损失的影响,该系统类似于一个水平交换强烈的流动小溪。

前已述及,不可能使现实系统的 Φ 接近零。如果生命系统未受不利影响,也不可能完全使内部杂项开支的各组分接近零。第二定律说明每个组分都肯定存在耗散 S。需要认识到,大部分耗散都用于构建更低层次上的结构(即做功),并非纯粹浪费。

目前尚不清楚哪些因素可以减少耗散。在近热力学平衡态下,系统的耗散速率最低,由系统总吞吐量度量的系统大小趋近于0,这时系统趋近于消失。现实中生态系统的流量结构必须存在一定数量的耗散。

Lotka(1922)注意到了生产效率和速率之间的关系,他认为对生存来说,有机体的生产速率可能比生产效率更重要。作为拥护者,H. T. Odum(Odum 和 Pinkerton,1955;Odum,1971)将 Lotka 的观点扩展到了生态系统层次。Odum 认为生态系统是朝最大化生产功率的方向发展,即最大化系统总吞吐量 T。在微生物系统(Westerhoff 等,1983)和工程系统(Andresen 等,1977)的发展中,最大化生产功率也得到了应用。

最优上升性包含了生产和耗散之间的损益比较,即最优上升性就是优化 A_l 和 A_r 之间的比例。然而,目前还没有明确的证据证明此事的普遍性。用普通术语解释耗散的限制因素,仍然是不可逆热力学中未解决的难题。Odum 认为,小室吞吐量增加,它的 r_j 也将增加,最终小室会逐渐具有较大的吞吐量。对规模(吞吐量)很小的组分来说,它的效率会随着吞吐量的增加而增加。显然,肯定存在一些未确定的热力学限制因素,可以影响小室的耗散但不会危及小室的生存。

耗散 S 反映了流量对低等级系统的影响,贡品 E 反映了系统对更大复合系统的贡献。S 和 E 在不同的等级系统中起作用,这正是先前费力将损失分为出口和耗散的原因。系统贡品可以小到什么程度呢? 这取决于更大系统的性质。如果在更大的网络中,特定子系统的输出没有变为对自身的输入(即子系统没有参与更大的系统循环),那么增加子系统上升性的最佳方法就是减少出口。然而如果子系统参与了更大的系统循环,那么减少子系统的贡品将得不偿失,更大循环会选择淘汰这个子系统(第 4 章已经讨论过)。

下面是 2 个限制减少贡品的例子。某个岛上的植物果实和种子一直是候鸟的食物。如果当地出现了一些鸟类或昆虫也以这些果实或种子为食(内部化候鸟的食物),这肯定会减少岛上的贡品,表面上看这会增加小岛生态系统的上升性。如果候鸟从远处带来了当地稀少的微量元素或氮元素,结果就会迥然不同。小岛内部消化候鸟的食物就会切断植物所需的微量元素或氮元素,显然这会影响小岛的植物生产量,继而影响整个小岛生态系统。

另一个是经济领域的例子。在全球经济网络中,某国富含其他国家需要的某种资源(如石油),其他资源相对比较少。如果该国想通过减少商品的出口,抬升价格来发笔横财。其他国家的经济确实会因此遭受不同程度的损失,但最终商品出口国也不可能幸免。20 世纪 70 年代石油危机最终造成的后果就是这样。

限制 S 和 E 减少的因素存在于不同的等级系统中。与之不同的是,减少冗余 R 的限制因素与系统尺度无关,它取决于系统的拓扑属性。非零 R 表明系统组分之间存在多条路径。在无约束条件下,沿着"最有效"的内部路径增长将会简化网络,减少冗余从而增加上升性。是什么阻止系统达到最有效的简化状态呢?

这是因为 R 中暗含了系统响应干扰的能力。系统的冗余为零,此时简化的网络对意想不到的干扰非常脆弱。直链或理想循环是刚性结构,对链或环上任意点的干扰可能会对整个组织造成灾难性后果。然而,Odum(1953)指出当两个组分之间存在多条路径时,某条路径所受的干扰在一定程度上会由其他平行路径的相反变化所抵消。前已述及,Odum 的提议最终演变成了"多样性引起稳定性"假说。然而,May(1973)证明该假说并不总是成立。

多样性 – 动态平衡假说面临的困难是,它不能充分描述现实。有时的确是多样性引起了动态平衡,而有时是动态平衡的环境造成了流动路径的多样性(May,1973)。多样性和动态平衡应该看做是一对相互制约的控制因素,它们之间的相互作用可以用有序和无序(式(6.14))这两种趋势之间的斗争来描述。一种趋势是熵增,无序事件增加任何真实网络的 R。相反的趋势是自主系统的增长与发展,增加上升性。任何真实结构都是这两种对抗作用力相互作用,取得平衡的结果。接近平衡状态时,系统 A 和 R 的相对大小反映了环境的恶劣程度。如果系统受到干扰,有序和无序之间的平衡被打破,短期内 R/A 的值将增加。随后的恢复(减少 R 来增加 A)可以称为弹性。如果有一段时期未受干扰,系统通过发展(A 增加)超过了平衡点,那么面临下一次干扰时系统会更加脆弱。因此环境越恶劣,冗余相对越多;环境越适宜,冗余相对越少。所有真实环境都有非零的 R。

显然,不可能简单完整地描述动态平衡。前已述及,由于存在补偿机制,大量的冗余可以缓冲干扰。热带雨林中某类昆虫灭绝不可能造成热带雨林的崩溃。据此很容易得出"冗余引起稳定"的结论,但略微思考就会发现这是以偏概全,为什么开始会存在大量的 R 呢?"冗余引起稳定"显然没有考虑这个问题。热带雨林环境适宜,它的发展能力非常大。即使 A 占 C 的比例很大,R 的绝对值也会很大。因此,任何干扰都不足以破坏热带雨林环境的"适宜性"。另外,现实中存在循环的因果关系,描述部分循环天生就是不完整的。

将 R 和恢复能力联系起来引出了一个有争议的问题。如果系统从干扰中恢复的能力取决于对 R 有贡献的网络结构,那么分析系统组织时也应该考虑这些结构属性。如此看来,上升性没有全面表征网络结构。

这里需要强调的是,上升性是基于现象观测的指标。通常,我们不可能从所有尺度或所有角度量化一个系统。针对定义和量化网络来说,上升性还是差强人意的,它只是全面描述了可以实际测量的组织过程。然而需要注意的是,有些过程尽管超出了测量范围,但对杂项开支有贡献,也会影响测量的上升性。也就是说,一个层次上的组织可能受其他不同层次或不同维度组织的影响 ,Conrad(1983)阐述的"等级补偿"指的就是这种情况。

前已述及,有些耗散是构建和保持子系统结构必需的;贡品是支撑更大的结构必需的,量化的系统只是更大结构的一个组分。这两种情形说明,在没有测量的尺度上发生了组织过程。扩大定量观测的范围,就可以测量这些目前还很模糊的组织过程。扩大观测范围增加的数据集,也为通过计算确定这些过程对上升性的影响奠定了基础。

冗余和动态平衡之间的关系超出了等级层次的范围,弄清二者的关系还需要考虑时间的影响。要全面量化系统对干扰的响应,必须测量网络结构和外部世界随时间的变化。迄今,只讨论了稳定状态的网络,在7.3节将讨论动态系统的上升性。一旦网络的定量描述中包含了时间维,修改的上升性中就可以明确反映不同时间系统对变化条件的适应性。

当然,所有杂项开支并非都是由"隐藏"的组织产生的。扩大观测的范围是可以"解释"一些,但决不能解释所有的杂项开支。要注意热力学第二定律无所不在。(Conrad(1983)用"冷漠"的概念也阐述了类似的想法。)

总结前两节的内容,系统内部的反馈对上升性的影响主要集中在内部上升性上。当系统出现自主行为时,内部上升性会在增加的总上升性中占大部分或占绝对优势。当研究的系统是自发系统时,可以对增长与发展重新描述。在有关热力学、等级层次和环境因素的约束下,自发系统经过充分长的时间可以最优化网络的内部上升性。除了系统损失更突出外,自发系统与普通系统所受的约束相似。

至此已经用读者熟悉的变分原理(见2.4节)描述了增长与发展过程。最优化问题实际上是作为一个算法问题处理的(见7.7节),也就是在一系列守恒的约束条件下,最大化目标函数(上升性)的值。严格来讲,这里的最大化只是在过去的系统结构附近搜索。可以说系统在开展"局部爬山"活动,在条件允许的情况下,系统会沿着局部的上升性斜坡一直向上爬(Allen,私人交流)。不需要指定全局极大值,群落会朝局部最大值的方向演化。按照最大化过程的这种局部性质,由于缺乏更合适的术语,这里将上段中的变分描述称为"最优上升性原理"。

变分原理通常含有竞争的意思。增长与发展过程尽管不全是竞争,但绝对也包含了竞争过程。将生态系统作为一个单元来讨论它们之间的竞争有意义吗?毕竟,一定的生态空间只有一个生态系统能占据,而且那里的生物群落沿着单一的路径演化。如何用变分原理来解释这样的情况呢?

在物理系统中,实际上一直在使用变分原理研究类似的情况。例如,将固体抛向空中,固体将沿唯一确定的轨迹运动。然而,可以假设存在许多略微偏离该真实轨迹的其他轨迹。针对每条轨迹,无论是真实的还是假想的轨迹,都可以计算一个汉密尔顿函数值。Goldstein(1950)证明真实轨迹的汉密尔顿函数值通常比假想轨迹的大。针对任何假想轨迹来说,飞行固体的行为好像是在最大化它的汉密尔顿函数。因此,没有必要从生态系统参与了竞争(尽管竞争不可避免)的角度来讨论增长与发展的变分描述。系统发展的实际路径比附近的假想路径能产生更多上升性,从这个角度就可以充分理解变分描述。

更流行用微分方程形式的牛顿第二定律来描述固体力学,汉密尔顿描述实际上没有什么优势可言。实际上汉密尔顿的积分定律和牛顿的微分定律是等价的。然而,在处理跨越生物等级边界的问题时,这两种描述并不等价。大多数生态建模者都是采用"微观方法"来处理他们的研究对象,假定系统的相互作用结构是固定的,并可采用固定的函数形式来描述组分过程。显然,这样处理不能充分反映整个生态系统中可能存在的自主行为。相反,最优上升性的变分描述是宏观论述,它可以描述自主行为。

6.9　最优上升性的现象基础

迄今一直是采用认识论的方式在介绍上升性,这让人以为通过逻辑推理就可以推出最优上升性原理。采用这种方式介绍可以让读者迅速准确地理解介绍的内容。然而,这并不是最初阐述上升性的方式。如果是的话,本书的题目就有点文不对题。现象描述应该是以直观的方式将不完整、不连贯,有时甚至矛盾的观察结果纳入一个简单的理论框架中。

坦白地讲,本书论述的现象基础大部分是间接的。在《生态系统的发展策略》这篇有影响的论文中,Odum(1969)总结了过去50年观察发展系统属性的结果。Odum列出了他认为和生态系统发展有关的24个属性,这些属性总结在表6.1中。

不幸的是,这24个属性并不都是很好用流量网络来解释。因此,必须有一些新颖的想法才能将Odum论述中的几个属性用流量术语表示。例如,存量用小室吞吐量表示(见3.4节)。

发展过程中 A 和 A/C 将增加,表6.1中的3个属性(11、12和24)表达的含义与此非常接近。这种趋势中较明显的是,在成熟过程中杂项开支占发展能力的比例逐渐降低。从表6.1中可知,属性23反映的 Φ/C 和属性4反映的 A_e/C 就是这样变化的。

表6.1 表格式的生态演替模式:生态系统发展的预期趋势

生态系统属性	发展阶段	成熟阶段
群落能量流动情况		
1. 总产量/群落呼吸量(P/R)	大于或小于1	接近1
2. 总产量/作物生物量存量(P/B)	高	低
3. 维持的生物量/单位能量流动(B/E)	低	高
4. 净群落生产(产量)	高	低
5. 食物链	线状,主要为牧草	网状,主要为碎屑
群落结构		
6. 有机物总量	小	大
7. 无机营养物	生物区外	生物区内
8. 物种多样性组分	低	高
9. 物种的多样性 – 均匀度组分	低	高
10. 生物化学多样性	低	高
11. 成层现象和空间异质性(格局的多样性)	组织性差	组织性好
生活史		
12. 生态位专门化	广	窄
13. 有机体的大小	小	大
14. 生命循环	短,简单	长,复杂
营养循环		
15. 无机物循环	开放	封闭
16. 有机物和环境之间的营养交换率	快	慢
17. 碎屑在营养物更新中的作用	不重要	重要
选择压力		
18. 增长形式	快速增长("r选择")	反馈控制("K选择")
19. 生产	数量	质量
总动态平衡		
20. 内部共生现象	不发达的	发达的
21. 营养保存	差	好
22. 稳定性(抵御外部干扰)	差	好
23. 熵	高	低
24. 信息	低	高

引自 Odum(1969)。

例 6.9

　　图 6.9 与图 6.10 是 2 个假想的简单网络。相比,图 6.9 中的小室像一个"通才",图 6.10 中的小室像一个"专才"。图 6.10 改变了图 6.9 中的流量方向,并通过调整使 4 个小室的呼吸系数和图 6.9 中的小室相近。这种改变使系统总吞吐量从 525 增加到 553 流量比特,增加了 5.2%;相比发展能力增加得较少,仅为 3.7%;然而上升性却增加了 22%,从 594.8 到 726.7 流量比特。杂项开支降低了 23%,从 417.9 到 323.3 流量比特,这主要是冗余减少造成的。

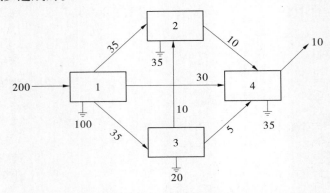

图 6.9　由四个组分组成的假想流量网络

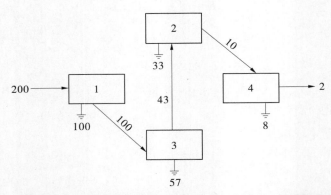

图 6.10　将图 6.9 中所有的流量都调整到路 1 – 3 – 2 – 4 上后得到的简化网络。
网络中每个组分与在图 6.9 中时相比更像专才。

　　表 6.1 中的 3 个属性(8、9 和 10)主要表征发展能力 C。前已述及增加小室数目和分散流量可以增加发展能力(即上升性的上限),这里不再赘述。

例 6.10

　　将图 6.9 中的小室 4 分成两个组分,可得到如图 6.11 所示的网络。系统总吞吐量增加到 531.7 流量比特,仅增加了 1.3%;发展能力增加了 7.3%;上升性增加最多,增加了 10.7%(上升性增加最多主要是因为新组分具有专才的特征)。

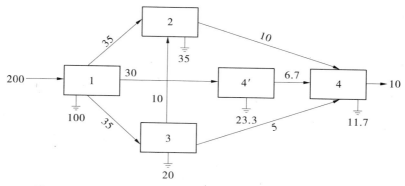

图6.11 将图6.9中的组分4分为两个单独的结点后得到的网络

成熟的生态系统会有更多的介质参与循环,而且可以内部化更多的介质。显然可以用这种方式解释 Odum 提出的许多属性(如属性 2、3、7、15、16、17、20 和 21)。这就是说,系统趋向于通过两种方式保存介质,即将介质贮藏在组分中和让介质参与系统循环。增加内部转化的流量将增加系统总吞吐量,同时通过消耗投入和减少损失增加了小室的 Q_i($i=1,2,\cdots,n$),最终会增加内部发展能力所占的比例(C_I/C)。假如扩展的循环没有增加冗余(R),内部上升性就会增加。因此,增加循环确实可以提高 T、C 和 A_I。

例6.11

图6.12 将图6.9中小室4的输出调回给小室3,就产生了两个内部循环,即 3 - 4 - 3 和 3 - 2 - 4 - 3。此时所有小室的 r_j 几乎为恒量。

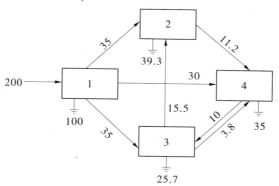

图6.12 将图6.9中结点4的出口变成对结点3的输入后的网络。
以前出口的流量被"内部化",并产生了两个循环。

增加的循环使系统总吞吐量从 525 增加到 540 个流量单位,发展能力从 1013 增加到 1070 流量比特,内部发展能力从 734 增加到 782 流量比特,内部上升性从 144 增加到 154 流量比特。

据此,很可能认为内部化和循环可以提高系统的总上升性。当其他所有条件相同时,事情并非总是如此!例如,图6.12所示网络的总上升性比图6.9少 14.8 流量比特。看来任意循环和反馈产生的杂项开支比提高的上升性多。Pimm(1982)和 May(1983)就评论了大多数生态系统食物网中循环这种少见的作用。既然如此,在最优化总上升性的背景下,Pimm 的观察结果和 Odum 对循环的强调是冲突的,还是一致的呢? 在例 6.7 中可以找到线索。

为了使系统有效,需要有适当比例的系统总吞吐量参与循环。此外,如果循环有效地减少了系统损失,那么它可以增加系统的总上升性。只要有部分总吞吐量参与循环,循环就必须通过规模相对大的、营养级水平更低的小室。此外,如果关键小室的耗散很小,那么循环就可以有效地减少损失,从而增加系统的总上升性。循环中非生命的、"低级"的小室满足这些要求,例如碎屑。实际上,Odum 的属性 17 就是强调碎屑在循环中的重要性。表 6.1 前面提到的 8 个属性涉及的循环就主要包括碎屑或其他无生命的、低级的组分。因此,Odum 强调的是无生命的循环,Pimm 阐明的是更高营养级上的循环,这从最优化总上升性的角度来讲是一致的。

例 6.12

图 4.10 是佛罗里达州克里斯特尔河河口沼泽生态系统分类单元之间的碳流动网络示意图。

例 4.6 枚举了网络中的 119 个不同的简单循环,其中只有 1 个循环不通过碎屑这个小室。评估循环对网络上升性的作用,有两种保守的评估方法可供参考。

在第一个例证中,如第 4 章描述的那样从网络中删减掉所有循环。由于正反馈有放大效应,所以图 4.13 中余下的流量要低于有循环时的流量。将图 4.13 视为初始网络,增加循环最终使系统总吞吐量增加到 22420 mg C m^{-2}d^{-1},增加了 7.6%;发展能力增加到 47086 mg C m^{-2}d^{-1},增加了 12%;总上升性增加到 28337 mg C m^{-2}d^{-1},增加了 4.3%。内部上升性增加 11.7%,比总上升性增加急剧得多,这在意料之中。

从图 4.13 所示的网络中删减掉代表碎屑的小室,可以估计碎屑在网络中的作用。删减掉碎屑后,微型植物和大型植物对碎屑的投入就变成了系统的出口。由于这时网络中没有循环,因此非常容易从网络中减去所有从碎屑流出的直接和间接流量。余下的网络图就是移走碎屑后系统的网络(图 6.13),开放水域系统通常具有这样的网络结构。减去碎屑后,深海无脊椎动物和长额鳕鱼都灭绝了,而且大型植物也脱离了与其余组分的联系。分析以微型植物为食的线性网络,不难得到系统总吞吐量仅为 1369 mg C m^{-2}d^{-1},发展能力降到 1779 mg C bits m^{-2}d^{-1},总上升性仅为 1423 mg C bits m^{-2}d^{-1}。非常明显大型植物和碎屑在系统中处于支配地位。

上升性增加隐含了系统的大小和增长的形式(表 6.1 中的属性 6 和 18)。在式(6.9)中活动水平(T)乘了一个对数函数,但对数对自变量的变化并非特别敏感。因此在网络发展的早期阶段,增加 T 的任何机制同样可以增加上升性,这也是在开始阶段强调系统增长速率(r 选择)的原因。在投入不足时,要进一步增加上升性就需要修剪网络以形成更一致的系统结构(K 选择)。系统朝生产和呼吸平衡的方向发展(表 6.1 中的属性 1),这是 Odum 提出的判断发展的第 1 个标准。确实难以想象它也隐含在网络上升性的增加中。实际上,并非使 A 增加的每个变化都会使系统朝生产和呼吸平衡的方向发展。然而,有确凿的证据表明 A 长期增加的趋势将使系统向稳定状态发展。

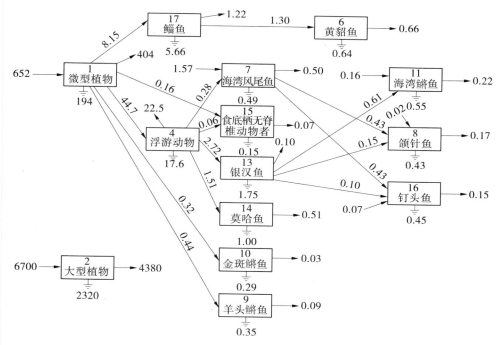

图 6.13 从图 4.13 中删减掉小室碎屑后余下的流量网络（mg C m^{-2}a^{-1}）

考虑以下变换有助于理解：

$$Q_i^* = Q_i', i = 1, 2, \cdots, n$$
$$Q_0^* = Q_{n+1}' + Q_{n+2}' \tag{6.30}$$

这样式（6.9）变为式（6.31）。

$$A^* = T \sum_{i=0}^{n} \sum_{j=0}^{n} f_{ji} Q_j \log(f_{ji}/Q_i^*) \tag{6.31}$$

将式（6.31）中每个自变量的分子、分母同时乘以 Q_i，分离各项后得式（6.32）。

$$A^* = T \sum_{i=0}^{n} \sum_{j=0}^{n} f_{ji} Q_j \log(f_{ji}/Q_i) + T \sum_{i=0}^{n} \sum_{j=0}^{n} f_{ji} Q_j \log(Q_i/Q_i^*) \tag{6.32}$$

由于 $Q_i^* = \sum_{j=0}^{n} f_{ji} Q_j$，简单变换可得式（6.33）。

$$A^* = T \sum_{i=0}^{n} \sum_{j=0}^{n} f_{ji} Q_j \log(f_{ji}/Q_i) - \left[T \sum_{i=0}^{n} Q_i^* \log(Q_i^*/Q_i) \right] \tag{6.33}$$

如果所有小室的吞吐量完全由各自的产出决定，那么式（6.33）中第 1 项表示的就是系统的上升性，它是一个非负值。方括号内的项与式（5.10）所示的相对熵形式相同，它也是一个非负值。只有系统处于稳定状态时（$Q_i^* = Q_i, i = 1, 2, \cdots, n$），它才等于零。

只要增加式（6.33）中的第 1 项可以增加系统上升性，即使每个小室的介质处于不平衡的状态，网络也可以发展。然而 A 增加的限制因素对式（6.33）中的第 1 项也起作用，可以使第 1 项的值不超过某个上限。在第 1 项的值接近上限时，如果想进一步增加上升性就只有减小第 2 项的值；前已述及，系统只有朝稳定状态发展才能减少第 2 项的值，即系统最终要朝稳定状态发展。特别的是,在稳定状态下生产和损失是平衡的(属性1)。

例 6.13

在图 6.9 所示的网络中,交换路径 1 – 3 和 1 – 4 上的流量,并保持其他路径上流量不变(见图 6.14),可使系统略微偏离平衡状态。此时,由于小室 4 投入的增量等于小室 3 投入的减少量,因此系统总吞吐量不变,为 525 流量比特;发展能力 C 仍为 1012.7 流量比特。然而,系统总上升性发生了变化,从稳定状态时的 598.4 流量比特减少到稍微偏离平衡状态时的 592 流量比特。

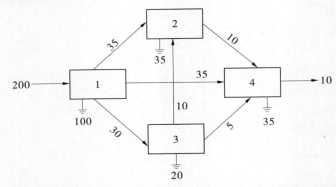

图 6.14　交换图 6.9 网络中路径 1 – 3 和 1 – 4 上的流量后的网络图。
组分 3 和组分 4 稍微失衡,因此整个网络稍微偏离平衡状态。

6.7 节中关于稳定和平衡的论据同样可用于证明 Odum 的第 22 个属性。至此,Odum 的 24 个属性还剩几个属性没有讨论,利用式(6.33)可以对此划上一个相对完满的句号。为方便讨论,将式(6.33)中的 2 项简记为 U 和 V,可得式(6.34)。

$$A = U - V \tag{6.34}$$

增加 A 最终会使 V 趋于零。即使有约束使 V 等于零,也不能确定稳定状态的结构能持续存在。另一方面,如果有约束阻止 V 趋于零,那么有部分网络仍将继续增长或缩小,直至系统结构发生根本变化(很可能是突变或灾变)。

阐述系统结构的持久性问题,必须研究限制系统发展的约束的性质。随意给定不变的投入和产出量,但输入总量和输出总量不相等($\sum_{i=0}^{n} D_i \neq \sum_{i=0}^{n} (E_i + R_i)$)。由于 $Q_0 \neq Q_0^*$,因此 V 不可能等于零,系统结构会越来越不平衡。显然,这时系统的约束可能过多。

假定外部系统的投入(D_i)为常数或是时间的函数,这样的边界条件更现实一些。同样也可以假定损失为时间函数。(经过式(6.30)的变换,可以发现只需要讨论小室的总损失($E_i + R_i$))。这些假定条件组成了系统的 $2n$ 个外部约束。组成 A 的初始变量为 $\lambda + 2n$ 个,其中 λ 是内部组分之间转移流量(T_{ij})的数目,$2n$ 是可能与外部系统交换流量的数目。如果 U 接近它的上限(另一个约束),是否有一种 T_{ij} 的配置结构使 $V = 0$ 呢?有 $\lambda + 2n$ 个变量,$2n + 1$ 个约束,并且具有 $\lambda - 1$ 的内部自由度,系统是否能达到稳定状态呢?内部转移流量的数目(λ)可以从最小值 $n - 1$ 变到最大值 n^2,$n - 1$ 是指所有小室之间是直链连接关系,n^2 指所有小室之间都有直接流量交换。系统内部转移流量的数目越多,系统越可能达到稳定状态。然而小室之间的连通度(λ/n^2)越高,系统的冗余(R)也可能越大。据此可将 Odum 动态平衡的观点重新表述为,R 越大,流量网络结构也越持久。然而需要注意的是,6.7 节已经指出,Odum 的观点并不能充分描述生态系统中流量的冗余和动态平衡之间的关系。

表6.1 中有 3 个属性(13、14 和 19)超出了目前的讨论范围。如果将上升性的概念扩展到不同的等级体系上,就可以用类似上升性的函数描述有机体的大小、个体的生命周期和出口介质的质量。

作为发展的判断准则,属性 5 存在一些问题。前已述及,在以小型植物为食的线性链条发展到包含碎屑的过程中,系统的上升性是增加的。然而在成熟阶段的后期,从直链到网状网络的变化并不一定会增加上升性。无论是怎样的网络,在发展的中期,网络的上升性都会增加;在发展的后期,很多内部的转换会消失,只保留一些更有效的循环。即使如此,成熟系统的发展能力也比未成熟时的发展能力增加了很多。相比早期的系统,成熟系统更具网状化的结构(也可见 7.5 节)。

有几个著名的研究者质疑过 Odum 标准的有效性(MacMahon,1979;Bormann 和 Likens,1979)。这里的讨论也指出,最优上升性原理和几个 Odum 的标准也不完全一致。如果归纳的方法真有用,就应该可以指出现有观测中的不足之处或观测结果中的矛盾之处,甚至也包括明确理论框架体系下的观察结果中的不足和矛盾! 有很多人怀疑 Odum 关于成熟群落的想法。这里提到这些差异,就是担心他们匆匆地认为增加的上升性不能充分描述增长与发展。至于如何扩展最优上升性的概念,还有很多地方需要深入研究。此外需要说明的是,对 Odum 的批评有些是语义上的问题造成的。上升性有具体的数学形式,最起码可以用来解决这些语义问题。

6.10　最大功原理

对整个系统进行数学描述的主要优点是,可以定量定义迄今还非常模糊的整体现象。群选择的概念是一个很好的例子,可以用来说明这个问题。许多人认为两个协同演化的种群之间可能存在选择,但没有证据表明更大尺度的系统中也存在选择。更有甚者甚至认为群落水平上选择的概念很荒谬。

这两种负面意见相互之间有一定的联系。如果可以定义和量化群落层次的选择压力,应该就可以实际验证这种压力。针对问题,有的放矢才能发现规律,无的放矢肯定会一无所获。因此,首先需要明确选择压力。

如果将上升性看做功函数,就会很清楚怎样量化选择压力。将上升性看做功函数,必须选择能量(单位:$ML^{-2}T^{-2}$)作为循环介质,这时上升性的单位就是功率比特($ML^{-2}T^{-3}$ bits)。因而,上升性增加和生态系统系统总吞吐量(T)增加产生的功率有关。实际上,在发展的早期阶段 T 主导着 A 的增加,最优上升性原理实际上就是 Lotka 最大化功率原理(Odum,1971)。在成熟的后期,网络结构变得更加重要,上升性类似于功函数也越来越明显。式(6.15)和式(6.25)与 Helmholz 的功函数(见式(2.5))相似绝非偶然。2.2 节中将功的概念进行了推广,即任何有序过程也是做功过程。因此,可以认为上升性代表了创建和维持网络流量结构秩序所需的功。(最优上升性原理和有名的最小功原理截然不同。服从最小功原理的物理现象包括力场中物体的轨迹、蜿蜒曲折地段小河的流动等[Leopold 和 Langbein,1966]。相反,最大化功的趋势反映了系统的自主发展。)

功或功率函数的一个性质是可以用力乘流量的和表示(见2.4节),上升性也可以这样分解(Kay,私人交流)。式(6.9)中的 T 不依赖于 i 或 j,从而可将它移到双倍求和符号内。分别根据式(6.2)和式(6.6)替换式(6.9)中的 Q_j 和 f_{ji} 可得式(6.35)。

$$A = \sum_{i=0}^{n+2} \sum_{j=0}^{n+2} T_{ji}[\log(f_{ji}/Q_i')] \tag{6.35}$$

上式中系统中的每项流量(T_{ji})都乘了方括号内的共轭因子。这个因子就是模糊不清的生态力吗?(见2.4节对力的讨论和 Ulanowicz(1972))。

记

$$F_{ji} = \log(f_{ji}/Q_i') \tag{6.36}$$

显然很容易将上升性表达成流量乘"假想力"的和,见式(6.37)。

$$A = \sum_{i=0}^{n+2} \sum_{j=0}^{n+2} T_{ji}F_{ji} \tag{6.37}$$

F_{ji} 可正可负,正的 F_{ji} 表明群落的选择压力可以增加共轭的流量,负的 F_{ji} 表明群落的选择压力会抑制共轭的流量。

除了根据单个流量分解功函数(A)外,还存在其他的分解形式。例如,可根据式(6.20)分解函数的思路分解功函数,确定每个小室对 A 的贡献,见式(6.38)。

$$A = \sum_{j=0}^{n+2} A_j \tag{6.38}$$

其中:

$$A_j = \sum_{i=0}^{n+2} T_{ji}\log(f_{ji}/Q_i') \tag{6.39}$$

功函数也可以表示为式(6.40)。

$$A = \sum_{i=0}^{n+2} A_i' \tag{6.40}$$

其中:

$$A_i' = \sum_{j=0}^{n+2} T_{ji}\log(f_{ji}/Q_i') \tag{6.41}$$

可以证明所有 A_j 和 A_i' 本身都是非负的;即每个小室都对总功函数的贡献均为正。是不是对引入的物种都不存在选择压力的作用呢?当然不是!据式(6.29)可知,系统呼吸量增加减少的 A_i 要多于它增加的 A_r。群落中引入的物种对整个群落的上升性都有正贡献。然而,关键是比较引入物种前后群落的上升性。需要注意的是,引入新物种导致群落中最初组分减少的上升性很可能会超过新物种增加的上升性。如果总上升性增加,新物种将会成为群落的一个组分;如果总上升性减少,新物种的吞吐量会减少。

6.11　和其他变分原理的关系

为了完整,还需要阐述描述和时下流行的其他描述之间的关系。然而,在开始就应该认识到,基于还原论的假说经常是竞争性的,但不同的现象描述可以相互兼容。通常,两种现象描述都包含了很多正确的成分,试图对其中某个原理完全证伪显然是不合适的。实际上,这样的部分描述可能为形成更有说服力的、更具综合性的原理奠定了基础。

如此看来,最优上升性原理是建立在先辈们对现象深刻描述的基础上。Lotka(1922)第一个将宽松约束条件下的竞争描述为过程数量而不是效率的竞争。Prigogine(1947)、Katchalsky 和 Curran(1965)描述了更强约束条件下系统的转变,认识到系统结构是这些约束与动力过程、随机扰动一起协同决定的。Brussels 学派最初强调研究结构的形成(可用式(6.14)中第 3 项量化),有点排斥研究发展过程中的其他事件。

表面上,Lotka 原理和普里高津原理是对立的。曾有人问 H. T. Odum:"您是否认为可以用最小熵产生原理描述生态系统的发展?"他答道:"将最小熵作为适应性策略,那只会自取灭亡!"尽管除了最优化熵产生,普里高津描述在其他方面也颇有建树,但该学派后来主要是继续专注于探讨守恒条件下的演化。与此形成鲜明对照的是,Lotka – Odum 学派强调研究数量扩展的发展。

在主流生态学中,这种对立体现在 r 选择对 K 选择上。实际上,r 选择和 K 选择是自然界发展的两个方面。生态系统不成熟时,采用 r 策略(快速增长)是生存的最佳选择;系统成熟时,采用 K 策略(优化结构)更有利于生存。谈不上谁对谁错,因为它们描述的是对照条件下单个增长和发展过程的不同方面。

本书阐明的是,将增长与发展看做一个过程,该过程在所有条件下的变化都可以用上升性指标量化。将上升性中的信息因子记为 W,那么 $A = TW$。用链式法则求得 A 的微分,见式(6.42)。

$$dA = WdT + TdW \qquad (6.42)$$

在不成熟的生态系统中,资源利用还不充分。由于环境中存在相对丰富的资源,因此 T 可以迅速增加。实际上,这时 A 的变化由式(6.42)右边的第 1 项主导。此时起作用的主要是 Lotka 描述。在成熟的生态系统中,资源的利用非常充分。因此,T 的变化非常小,此时 A 增加主要依靠第 2 项中的 W 增加。最小化杂项开支 Φ 是重构结构优化 W 的一种方式,这时起作用的是普里高津描述。

Conrad(1972)用信息论描述了一个生物系统和它的自然环境的共同发展。Conrad 并不强调系统和物理环境之间的相互信息,而是强调二者之间的联合熵(与式(6.14)中的第 3 项类似),并提出发展过程将最小化联合熵。显然,Conrad 用信息论语言解释了普里高津原理,它的结论还可以为更多实例证实。尽管适合阐述等级系统的发展,但推导过程非常复杂。尽管如此,Conrad 的原理和最优上升性原理没有根本性的矛盾。事实上,将二者结合起来可以对增长与发展进行更一般的描述。

Jørgensen 和 Mejer(1979)将热力学概念可放能(欧洲流行用它测量系统远离平衡态的程度)应用到生态系统中。他们认为生态系统是朝可放能最大的状态演变。和 Lotka 的描述一样,Jørgensen 的描述也是关于数量扩展的。最大可放能和最优上升性之间也没有根本性的矛盾。与式(6.16)所示的关于整体的熵一样,可放能没有明确包含组分之间的相互关系,而且也不能确定其中是否隐含了基本结构。后来 Jørgensen 和 Mejer(1981)指出,最大可放能需要与系统结构的显示模型一起用来估计系统的参数。如果这样,他们的变分原理的作用就会更大。然而需要说明的是可放能的计算存在问题。因为计算它必须知道生命组分的熵,而测量生命体的热力学熵,在概念上就有很多困难(见2.3节)。

接下来再介绍几个基于生态系统守恒性质的极值原理。为了判断生态系统成熟与否,Cheslak 和 Lamarra(1981)以系统中能量的滞留时间作为关键指标。通常,通过存储或循环可以延长能量在系统中的滞留时间(也见 Finn,1976)。Hannon(1979)解析了 Margalef(1968)的想法,即发展的系统会最小化单位储存的生物量产生代谢的能量。在最优内部上升性(A_I)中包含了所有这样的守恒行为。

关于生态系统发展的“假说”很多,Fontaine(1981)尝试“检验”哪一个最有效。他将现有原理作为一个最优化程序的目标函数,分别估计银泉模拟模型的参数。通过比较不同目标函数优化的参数与实测值的接近程度,判断各个原理的有效性。Fontaine 的最初结果表明最大化功率是最优的目标函数。后来将上升性作为目标函数进行测试,结果表明它模拟的参数值与实测值完全吻合(Fontaine,私人交流)。换句话说,对处于稳定状态的实测值的任何偏离都会减少上升性。

反思 Fontaine 创造性的工作不难发现,要明确否认任何一个被“检验”的原理非常困难。首先,因为 Fontaine 的扰动通常使系统偏离了原来的稳定状态,所以上升性完全满足 Fontaine 的标准。由式(6.33)和式(6.34)可以推出,在稳定状态附近,非平衡网络结构的上升性由于拥有一个较大的 V 值,很可能要比系统未受干扰时的上升性小。因此,Fontaine 的算法不可能找到能使上升性更大的偏离平衡起点的初始方向。如果函数在稳定状态取得局部最大值,那么它同样也不会改变测得的初始参数值。

更有趣的是上升性造成 Fontaine 检验失灵的原因,即增加上升性将强烈改变初始结构和参数。据此就可以否定最优上升性原理吗?当然不是!由于真实系统会受到各种各样的自然约束,因此它的上升性不可能达到理论上限。最优化算法的数学公式是否充分表达了那些约束仍是一个问题。如果目标函数急剧改变了初始参数,通常是因为没有包含“隐藏”的自然约束。

总之,最优上升性原理和相关的极值原理都是很难证伪的。如果检验得出了负面结论,要么是检验过程本身有问题,要么就是原理真有问题。如果原理有问题,当然需要详细审查以便重新形成原理。针对这些不同的发展原理,幸好 Fontaine 的检验不是在检验假说,而是在评价他们描述的充分性。

尽管反驳任何一个发展原理都非常困难,但仍可能对它们进行区分。毕竟,并没有明确地完全否定地心说。托勒密的定量描述仍然具有一定的准确性,一个人可以以地球为中心不断地增加本轮。随着更有说服力的日心说的出现,人们最终放弃了地心说。最终,这里讨论的一些试验性的原理也难免被废弃。然而,原因不会是因为它们经不起某次检验,而是因为人们认为其他的定量描述更合适(也可见7.7节)。

只要认为影响可能从高的等级层次传递到低的等级层次,那么就有必要否定极端主义者的观念,即科学应该严格限制在可检验的假说范围里。需要注意,这并不是说科学探索不能按还原论的思路进行。对科学探索来说,还原论对假说证伪的方式很多时候都可以发挥明显的作用。在适合还原论的情况下,很容易想象小尺度上的离散现象是大尺度上事件发生的原因。实际上,这就是勾勒一张映射图,反映某个尺度上的许多事件与更高尺度上的某个事件的因果关系。映射图中的每个箭头都可能被证伪。在实证主义者眼中,科学可简单归结为设计试验去掉错误的箭头。

　　然而,如果更大尺度的事件对更小尺度上的事件有影响,问题就不会像简单地颠倒因果映射中箭头的方向那么简单。更大尺度上的事件确实对更小尺度上的事件有广泛的影响,但影响的方式很少通过直接行为(箭头)体现出来的,更多表现为对小尺度上现象整体的约束(Allen 和 Starr,1982)。像描述热力学定律一样描述这些约束是现象描述的关键点。由于抽象只是对现实的逼近,所以对约束的任何描述都是不充分的。在现象学研究的领域里,关心的不是描述的对错,而是描述是否充分。如何进一步将最优上升性概括为一个更充分的定义,这是需要进一步深入研究的内容。

6.12　小结

　　一旦假定系统内部的转化(流量)结构可以描述系统的组织,很自然就形成了增长与发展的数学定义。增长是指系统总吞吐量的增加,发展是指网络流量结构平均相互信息的增加。网络上升性就是用系统总吞吐量标度发展,是反映现在的系统结构胜过其他(真实或假想)结构的一个指标。自主系统的上升性主要由系统内部的转化(循环)支配,这些转化项的和称为内部上升性。内部上升性的增加受热力学、等级和环境因素的影响。

　　最优上升性原理综合了 E. P. Odum 总结的发展系统的大部分属性。专门化、内部化和循环(尤其是通过无生命、更难控制的组分的循环)有利于增加上升性。总上升性的增加意味着各小室的流量朝着稳定状态的方向发展。当网络成熟时,增加上升性的主导因素从 T 的增加(r 选择)转变为减少杂项开支 Φ(K 选择)。多样性和稳定性假说不能充分描述现实,更应该关注的是 A 和 R(流量冗余)之间的对抗作用。A 和 R 之间的平衡点由环境状况决定。环境恶劣时,发展能力中有很大一部分是冗余。

　　如果介质是能量,那么可以将最优上升性解释成最大功。因为普通功函数通常可以表达成共轭的力和流量的乘积和,所以可从形式上定义与每个生态流量共轭的"假想力"。这些假想力或者选择压力是强调整体的,因为它们的大小取决于整个系统的结构。系统中的每个系统组分对总上升性都有正的贡献,但需要比较一个组分与其他组分利用同样的资源产生的上升性,才能确定系统对每个组分的选择作用。选择压力对网络主要组分的作用可能更强,因此允许大量只消耗少量发展能力的小室持久存在。

　　最优上升性消除了早期增长与发展描述上的矛盾。为了全盘接受或否定某个假说,对现象描述进行比较是不恰当的。现象描述不可能完全证实,也不可能完全证伪。一些现象原理比其他现象原理更流行,主要是因为他们能更充分地描述事件。实证主义者对假说全盘接受或否定的态度并非没有吸引力,但最好将这种态度限制在还原论科学的研究范畴内。

7   扩展

> "卡路里反映不了食物的特性,再好的公式也揭示不了
> 生命的本质。"
>
> Alexander Solzhenitsyn

7.1   不完整的图片

不可能全盘否定一个现象"原理",它的反换命题说明这样的描述肯定是不完整的。当观察范围扩展到其他时空领域时,最具普遍性的热力学定律也需要修改变动。在相对论的时空概念里,第一定律有不同的描述形式;在分子水平上发生的偶然事件经常违背宏观上的第二定律。

不久就会发现用上升性增加描述增长与发展存在局限性。在系统阐述这个原理时作了许多假定,而且并不是很明确。例如,假定小室在空间上均匀分布,流量不随时间变化,系统中只有一种介质循环等等。某个尺度的事件如何影响更高或更低尺度上的现象呢?下面对这些局限和问题加以说明。

7.2   空间异质性

将上升性扩展到空间异质的背景上,在概念上并不存在困难。实际上,本书研究的大多数网络中都存在空间差异,第3章和第6章就涉及到了处理空间差异的问题。例如图4.10中,浮游动物和深海无脊椎动物,微型植物和大型植物所处的空间区域是不同的。栖息地(也就是区位)是确定生态系统小室的主要决定因素。

通常在不同的空间区域上分类单元的密度不一样。这时最好将每个区域上的每个分类单元都定义为小室。如果在 m 个空间区域上,每个区域上有 n 个分类单元,这样划分的网络就有 $m \times n$ 个小室。

这样描述网络不切实际,因为分室增多将迅速增加复合网络的维度,使需要评估的流的数量以指数形式增加,从而工作量会太大。因此,研究者通常会归并小室,将分室的数量限制在 20 以内。很少有人处理超过 50 个小室的网络。

例 7.1

图 7.1 是一个假想的外海生态系统营养级之间的碳流动网络。P、H 和 C 分别代表透光层中的初级生产者,草食动物和肉食动物。P'、H' 和 C' 分别代表深水区无光层相应的营养级。P 和 P' 及 C 和 C' 之间的箭头表示生物群的空间转移。就初级生产者来说,向

下沉淀的碳流量（100 g C m^{-2}a^{-1}）要远大于湍流带上来的碳流量（10 g c m^{-2}a^{-1}）。小室 C 和 C' 都不平衡，它们之间的交换流动反映了每日食肉动物群在水柱中的垂直移动。根据式（6.9），可计算得到系统的上升性为 1718 g C bits m^{-2}a^{-1}。

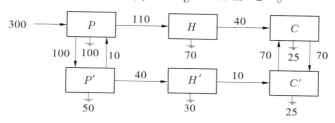

图7.1　假想的外海生态系统营养级之间的碳流动网络图。P、H 和 C 表示透光层的初级生产者、草食动物和肉食动物；P'、H' 和 C' 表示深水区无光层相应的营养级。流量单位：g C m^{-2}a^{-1}。

归并小室会丢失系统信息，这可用平均相互信息的减少量来精确表示。Hirata 和 Ulanowicz（1984）指出归并小室肯定会减少网络结构的平均相互信息。归并小室后，两个小室之间的交换流量会变成小室内部的循环流。量化高度分解后的流量网络，根据合适的记录可以定义这些内部循环，从而保持系统总吞吐量不变。然而，通常是先归并结点再测量流量，这样做容易忽视内部循环，从而低估系统总吞吐量。归并结点后，影响上升性的两个因子都会减少，二者的乘积当然会减少。因此，系统上升性比平均相互信息要减少得更多。

例 7.2

如果没有将图 7.1 所示的生态系统划分为透光层和深水区无光层，那么网络结构在空间上会变成如图 7.2(a) 所示的链条，这时上下交换的流量成了内部循环。尽管系统总吞吐量保持不变，但空间归并过程丢失的信息使上升性减少到 1048 g C bits m^{-2}a^{-1}，减少了近 39%。

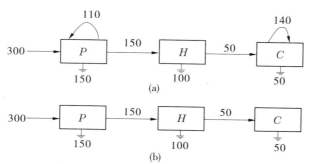

图7.2　将图 7.1 所示流量网络从垂直方向归并后得到的网络图。
(a) 仍然考虑垂直移动。(b) 忽视垂直移动。流量单位：g C m^{-2}a^{-1}。

如果忽视内部循环流，那么网络结构将变成如图 7.2(b) 所示的链条。这时系统总吞吐量从 1050 g C m^{-2}a^{-1} 减少到 800 g C m^{-2}a^{-1}，减少了 24%；上升性为 974 g C bits m^{-2}a^{-1}，比图 7.1 所示的网络减少了 43%。

空间归并降低了上升性,那么反过来考虑空间异质性应该能提高上升性。在空间同质的环境中,某分类单元(即该环境中的弱势竞争者)对总上升性的贡献微乎其微;然而在特定的空间"生态位"中,它的表现可能更像专才。生态位细分会增加小室的数目和提高小室的专业化水平,从而提高上升性。因此,生态系统空间结构的演化肯定会增加网络的上升性。

例7.3

图7.3是一个空间异质的流量网络。小室3的效率为50%;小室2的效率较低,它的吞吐量只有25%转移到了小室4。系统总吞吐量为270流量比特,上升性为337流量比特。

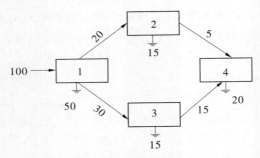

图7.3　由4个组分组成的空间异质的流量网络

尽管组分2的效率相对较低,但它一直在网络中。进一步研究表明这是两个不同的空间区域,流动路径分别为1-2-4和1-3-4(见图7.4)。图7.4所示网络的上升性为403流量比特。如果更低效的物种2消失,只存在图7.4中下方的直链,这时上升性变为201流量比特。由于存在"隐藏"的空间约束(适合物种2生存的区域),小室2一直有自己的生态位,因此图7.3所示的假想系统没有朝上升性最大的结构演化,即演变成所有流量都流经小室3的结构。

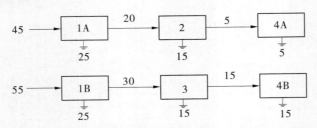

图7.4　将图7.3所示网络的空间区域分为A和B,A和B之间不存在流量交换。

既然可以定义空间异质区域的上升性,那么显然可以用最优上升性原理描述耗散的自然系统中的自主行为。首先想到的是气象系统,尤其是飓风的增长与发展。设想飓风在包含许多空间单元格的栅格中运动,单元格之间循环的介质有一种或几种(例如水、空气和能量),将空间单元格之间的平流作为流量。这样就形成了一个飓风系统的流量网络结构。当飓风强度增加时,网络的上升性应该增加。目前已有将变分原理应用到气象学中的研究案例。Paltridge(1975)用最小熵产生原理预测了日射能量或土地利用变化引起的全球气候模式变动。

7.3　时间动态

计算空间异质区域的上升性不存在方法上的困难。相对而言,考虑时间变化要稍微困难一些。上升性是根据信息论定义的,信息论的基础是概率。解决空间异质的问题只需要重新定义分类(小室)即可,这不影响基本概率的性质,但处理动态系统需要考虑概率随时间的变化。

首先需要注意的是,结点流量不平衡不影响上升性的计算。即使网络中每个结点的总输入和总输出不相等(即 $Q_i \neq Q'_i$),等式(6.9)仍然成立。此外,式(6.33)表明最优化上升性会使流量逐渐趋于平衡。

虽然可以计算非平衡网络的上升性,但这并不说明最优上升性的过程能反映非稳定状态结点的动态变化。要在上升性中包含时间动态,需要增加时间维度。迄今为止,讨论的流量矩阵都是 2 维的,即 T_{ij} 表示在合适的时间间隔内从室 i 流入室 j 的介质流量。所谓"合适的",是指时间间隔要大于最快的宏观环境变化发生的时间,大于长寿命组分的生命周期,同时也不能超过系统发展所需时间。选择合适的时间间隔,就可以将上升性视为时间的函数,描述它随时间的变化。

其次,假定可将选择的时间间隔等分为 q 个子区间,每个子区间的时间间隔均为 Δt。将从时刻 $t_0 + (k-1)\Delta t$ 到 $t_0 + k\Delta t$ 的时间间隔记做 t_k。与前面的表示方法类似,T_{ijk} 表示在 t_k 内从室 i 流入室 j 的介质流量。子时间间隔不应该小于最快重大变化发生的时间。

将所有时间间隔内发生的 T_{ijk} 加总起来就是累积流量(T_{ij}),见式(7.1)。

$$T_{ij} = \sum_{k=1}^{q} T_{ijk} \tag{7.1}$$

将 T_{ij} 分解为 T_{ijk} 就可描述网络流量随时间的变化,据此很容易估计一段观察时间内流量发生的联合概率。在时间间隔 t_k 内,介质离开 a_j 和流入 b_i 的联合概率($p(a_j, b_i, t_k)$)为式(7.2)。

$$p(a_j, b_i, t_k) \sim T_{jik}/T \tag{7.2}$$

其中,$T = \sum_{i=0}^{n+2} \sum_{j=0}^{n+2} \sum_{k=1}^{q} T_{ijk}$(见式(6.4))。估计出三元联合概率后,适当加总变换很容易得到二元联合概率 $p(a_j, b_i)$、$p(a_j, t_k)$、$p(b_i, t_k)$ 及一元概率 $p(a_j)$、$p(b_i)$ 和 $p(t_k)$。

如果流量不随时间变化,式(5.13)和式(6.9)就量化了流量从 a_j 流入 b_i 具有的平均信息。如果流量随时间变化,那么知道流量发生转变的时间间隔,显然就可以更确切地了解流量的去向。也就是可以得到更多与系统有关的信息。

McGill(1945)和 Abramson(1963)讨论了多维系统的相互信息,并将式(6.1)总结成更一般的形式,见式(7.3a)。将式(7.3a)用与 T_{ijk} 相关的流量表示(设定 $K = T$),见式(7.3b)。

$$A(b; a, t) = K \sum_{i=0}^{n+2} \sum_{j=0}^{n+2} \sum_{k=1}^{q} p(a_j, b_i, t_k) \log[p(a_j, b_i, t_k)/p(b_i)p(a_j, t_k)] \tag{7.3a}$$

$$A_t = \sum_{i=0}^{n+2} \sum_{j=0}^{n+2} \sum_{k=1}^{q} T_{jik} \log(TT_{jik}/T_i T_{jk}) \tag{7.3b}$$

A_t 表示系统随时间变化的上升性。尽管知道流量随时间的变化需要更多的信息(或描绘更多的结构),但 A_t 的上限仍然是平均发展能力(C),见式(7.4)。

$$C \geqslant A_t \geqslant A \geqslant 0 \tag{7.4}$$

不等式(7.4)表明平均杂项开支($C-A$)通常大于或等于系统随时间变化时的杂项开支。因此,了解系统中流量随时间的变化可以"解释"部分平均杂项开支。

例7.4

图7.5(a)是局部系统的流量分配,其中小室 1 流向小室 2 和 3 的流量相等。当介质离开小室 1 时,不能确定它最终会流入哪个小室。此时 A 为 92.4 流量比特,C 为 130.4 流量比特,Φ 为 38.0 流量比特。

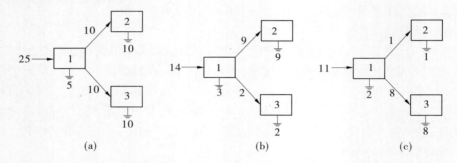

图 7.5　图(a)是流量网络的流量分配图。图(b)和(c)是将时间分为 2 个
连续的时间间隔后的流量分配图。

分两个时间间隔测量系统的流量,这时系统的网络结构如图 7.5(b)和图 7.5(c)所示。在第 1 个时间间隔内,流量流入小室 2 的可能性较大。在第 2 个时间间隔内,流量流入小室 3 的可能性较大。考虑流量随时间的变化,系统的上升性增加到 100.4 流量比特,杂项开支降低了 8 流量比特。

在例 7.4 中,系统的平均流量分配结构与考虑时间动态后的网络结构(图 7.5(b)和图 7.5(c))近似。计算结果表明,利用平均流量计算会低估系统的上升性。例 7.4 可以从下面的角度理解。一个系统开始处于稳定状态,环境变化时系统内部产生动态响应。当然,系统的响应不是随机的,因为随时间变化的平均流量应该接近平衡状况(见 6.4 节)。这与非线性动力学的其他分支学科一样,认为系统不可能达到瞬间平衡的稳定状态,系统一直围绕某种"顶级的"结构呈周期性或非周期性的波动。

如果外部环境变化具有一定的规律性,系统的响应就会是最优化上升性。Conrad (1983)详细讨论了系统这样的适应性,最优化 A_t 就包含了这种适应性。随机的环境变化在时间上也可以分解成一些用傅立叶波谱表示的结构。对环境时间序列(如速度、温度、盐度等)进行傅立叶分析,可以计算给定的频率范围内发生了多少变化。真实环境的噪声不是完全随机的(即一个平坦的频率谱或白噪声[James Hill IV,私人交流]),通常都会表现出峰值、斜度及其他一些可辨别的结构特征。

生物系统对环境的响应也可以用傅立叶波谱表示(Platt 和 Denman,1975;Powell 等, 1975)。响应只要增加了 A_t,就可以称为适应性。显然,弄清系统的基本结构可以提高适应性。从最大化 A_t 的角度来解释输入和响应波谱之间的关系,应该可以深入刻画生态系统的功能。

7.4　多种介质

迄今为止都在分析一种介质流动的网络,这是假设关键介质中包含了其他介质的作用。在生态系统中,最常见的关键介质是能量或碳(最普通的能量载体)。在经济系统中,关键介质通常为货币。

很明显生命系统包含多种网络。生态学中测量的氮、磷、硅以及其他微量元素都定义了单独的网络。经济学中有各种各样的商品交换网络。这些平行的流量网络对关键介质的流量网络有怎样的影响呢?

上一节通过添加时间维解决了时间动态问题,同样通过添加介质维可以解决多种介质的问题。定义多种介质系统的上升性与定义时间动态系统的上升性相似。用 3 维数组 (T_{ijl}) 表示介质 l 从室 i 到室 j 的流量,将式(7.2)及式(7.3)中的替换为 s_l,时间间隔数量 (q) 替换为介质数量 (m),如此多种介质系统的上升性 (A_s) 就可用式(7.5)表示。其中 T 是用标准介质表示的总流量。

$$A_s = \sum_{i=0}^{n+2} \sum_{j=0}^{n+2} \sum_{l=1}^{m} T_{jil} \log(TT_{jil}/T_i T_{jl}) \tag{7.5}$$

由于需要将所有介质转换成标准介质,接下来的问题是如何定义权重因子 (ψ_l),使式(7.6)成立。

$$T_{ijl} = \psi_l T_{ij} \tag{7.6}$$

如何确定 ψ_1 ? 这个问题仍未解决。有研究表明,经济学的价格理论也许可以提供一些解决问题的线索(Amir,1979;Costanza 和 Neil,1984)。

例7.5

图 7.6 是两种介质的流量网络图,其中流量已用标准介质表示。图 7.6(a)是介质 A 的流量网络,图 7.6(b)是介质 B 的流量网络。计算表明,介质 A 和 B 组合成一个网络的上升性为 329 流量比特,杂项开支为 190 流量比特;将两种介质的流量网络分开计算的 A_s 为 334 流量比特,杂项开支为 185 流量比特。这说明介质 B 的流量网络只"解释"了 5 流量比特的杂项开支。

显然,图 7.6(a)中小室 2 的效率远远高于小室 3。不考虑介质 B 的作用,最优化上升性将会导致路 1 - 2 - 4 主导整个网络,小室 3 灭绝(见图 7.7(a))。然而,如果介质 B 是维持小室 4 生存的必需物质,小室 3 的灭绝将使系统崩溃,从而退化到图 7.7(b)所示的结构形式。从图 7.7(b)的结构变为图 7.6(a)的结构需要获得 40.2 流量比特的上升性,"花费"69.4 流量比特的杂项开支。(图 7.6(a)所示网络的上升性为 299.1 流量比特。)这些差异表明,190 流量比特的杂项开支中至少有 5 流量比特是用于保证小室 4 获得介质 B。最后的比较是为了强调解决多介质问题需要有合适的定价方案。

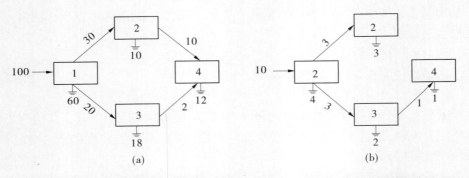

图 7.6　（a）4 个物种的假想网络中介质 A 的流动。（b）同样网络中介质 B 的流动。

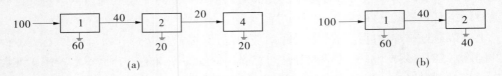

图 7.7　（a）为不考虑介质 B 时，最优化图 7.6（a）的上升性得到的网络结构。然而，这样做忽视了小室 4 对小室 3 的依赖（如图 7.6（b）所示），小室 4 会因此灭绝，最终形成的结构见图 7.7（b）。

7.5　全面的异质性

根据前两节的讨论，可以用 4 维数组（T_{irjs}）表示空间异质环境中的流量。T_{irjs} 表示介质从单元格 r 中物种 i 流向单元格 s 中物种 j 的流量。沿这个思路顺藤摸瓜，可以将时间、空间和介质异质的系统中的流量用 6 维数组中的元素（T_{irjskl}）表示。T_{irjskl} 表示在时间间隔 k 内，介质 l 从单元格 r 的物种 i 流入单元格 s 中的物种 j 的流量。采用计算式（7.3a）和式（7.5）相似的方法可以计算得到此时的上升性（A_u），见式（7.7）。A_u 的取值在 C 和 A 之间。

$$A_u = \sum_{i=0}^{n+2} \sum_{j=0}^{n+2} \sum_{r=1}^{p} \sum_{s=1}^{p} \sum_{k=1}^{q} \sum_{l=1}^{m} T_{irjskl} \log(TT_{irjskl}/T_i T_{rjskl}) \tag{7.7}$$

7.2 节指出构建空间结构可以增加空间同质系统的上升性；7.3 节指出考虑时间动态同样是增加 A_u 的一种途径；7.4 节指出考虑多种介质也能增加上升性。这说明伴随 A_u 不断的增加，系统结构越来越复杂。实际上，通常人们观察到的现象也是越来越复杂。然而，第 6 章指出增加上升性可以剔除无效的小室和路径，从而可以简化网络。增加上升性一方面可以使系统结构简单，另一方面又使系统结构更复杂，这不是有点自相矛盾吗（与 Emery 私人交流；也可见 Prigogine，1980）。

将增加上升性视为选择在起作用，就会消除上述困惑。如果将假想环境受到的约束简化处理，并假定分室的数目不能增加，那么选择的结果只能是通过简化网络来增加上升性。然而，自然界决不可能受到如此刚性的约束。外部影响因素的空间、时间和物质变化都非常复杂，而且环境和系统状态的潜在组合多如牛毛（见 Elsasser（1981）关于宏观事物的颇具启迪性的讨论）。从可能无限的状态中，系统"选择"了唯一的轨迹；一般说来，这个选择会增加系统的上升性。由于把自然系统放在了宽松的约束环境中,因此观察者会觉得在发展过程中它越来越复杂了。尽管如此,相比复杂的环境再复杂的现实结构也非常简单。因此,上升性的增加与通过选择得出的结论是一致的。

7.6 归并

测量所有流量(T_{irjskl})显然不切实际,通常需要降低系统的维度减少测量的流量数目。降低系统维度可以采取在时间、空间或物质上求平均值的方式,也可以组合组分,即归并结点。由于归并物种肯定会减少描述的清晰程度,如何最小化归并结点产生的影响?这是需要首先回答的问题。

Halfon(1979)认为归并是一个识别问题,在他的《理论系统生态学》中专辟章节讨论了这个问题。在生态学中,测量之前通常需要进行归并,否则不可能量化网络。事后归并,在经济学中是家常便饭,但在生态学研究中却不多见。研究事后归并首先应该了解怎样识别系统的组分。

如果认为最优上升性原理可以描述系统的增长与发展,那么采取的归并方案肯定是希望精简网络的上升性最高。然而,Hirata 和 Ulanowicz(1984)证明了归并结点会减少系统的上升性。因此,替代的问题就是寻找使精简网络的上升性降低最少的归并方案。

通常采取的归并方案都要保证系统总吞吐量不变(还可见 Ulanowicz 和 Kemp,1979)。系统总吞吐量不变,这说明上升性的变化完全取决于网络相互信息的变化。显然,归并的目标就是使网络中信息的减少量最小。

最小化网络信息的减少量,对策方案寥寥无几。只能不遗余力地搜索所有可能的组合来确定最优的归并。然而,正如4.4节中讨论的,当网络结点数超过 10 时,这种组合搜索通常不可行。

对结点数大于 10 的网络,唯一可行的方案是采用与逐步回归相似的方法。从 n 个结点的网络开始,在网络所有成对的组合中,搜寻减少上升性最少的那对组合。搜寻到后就将它们归并成一个结点,从而形成 $n-1$ 个结点的网络。然后按照相同的方法搜索 $n-1$个结点的网络。一直重复这种搜索,直到系统归并为 m 个结点。按上述算法进行虽然不能保证归并网络的上升性最大,但根据作者的经验,大多数结果非常接近最优值。另外,采用两两归并算法每轮最多需要计算 n^2 次。对结点数为 20 甚至 50 的网络来说,这样的计算规模也可以接受。

例 7.6

采用两两归并的算法,将克里斯特尔河生态系统流量网络(图 4.10)的小室数目由 17 个归并到 7 个,这时网络的上升性最大(图 7.8)。图 7.9 描述了该简化网络的流量。系统上升性从图 7.8 的 28337 mg C bits m^{-2}d^{-1} 降低到 28287 mg C bits m^{-2}d^{-1},仅降低了0.18%。

值得注意的是,图 4.10 中各分室的位置是为了使图简单美观,反复试验后确定的。该工作在阐述归并最优化上升性这一主题的前几个月就准备发表。直觉猜测的结果(图

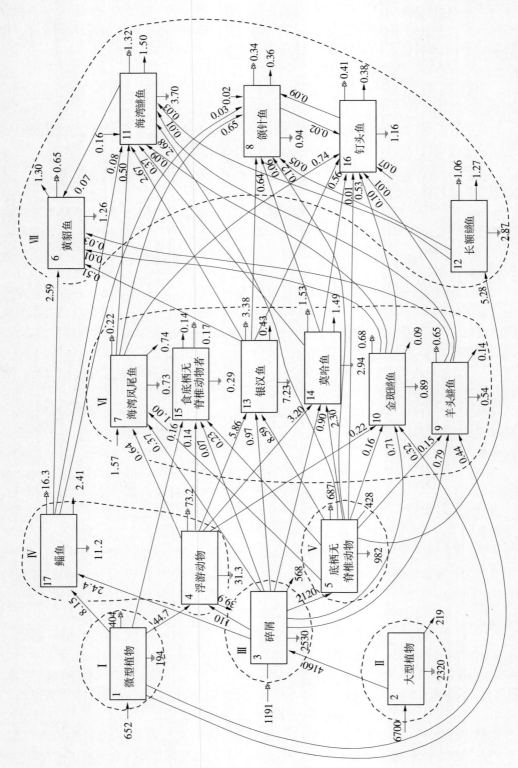

图 7.8　克里斯特尔河河口的生态系统流量网络图。当网络中的小室数目由 17 个归并到 7 个时，此图的上升性最大。图例的细节见图 4.10。

4.10)和计算的结果(图7.8)如此一致,确实有点让人吃惊、令人兴奋。回想一下,最初用信息论是为了量化信息这个直观概念,提出上升性是为了用数学形式表示组织的一般含义。考虑到这些,上述一致的结果就应该是意料之中的事情。

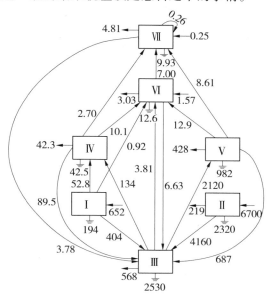

图7.9 将图7.8中的小室和流量归并为最优的7个结点的流量网络。**流量单位:**mg C m^{-2}d^{-1}。

这个例子也说明营养级内部(如小室 IV、VI 和 VII)几乎不存在转移(见 Hill 和 Wiegert(1980)的"同种排列")。然而,在整个转移过程中可以发现存在组织,这回击了对生态系统组织思想的一些批评。例如,Simberloff(1980)认为生态系统组织的概念是不恰当的,他是利用 Gleason(1926)关于植物群落成员"个人主义"的行为数据分析得出的结论。然而,Simberloff 忽视了 Gleason 的研究范围,Gleason 只研究了同一营养级内的成员,这是最不可能发现组织的地方。

7.7　确定最优上升性的结构

迄今为止,主要在理论上讨论了最优上升性,至多对简单的网络进行了分析说明。最优上升性原理要广泛应用,显然需要开发一种最优化算法,可以量化中等(小室数目在 20 到 50 之间)规模网络的上升性。

最优化问题的目标函数(上升性)是非线性的,众所周知求解非线性最优化问题非常困难。现在的情形尤其如此,因为上升性函数缺乏"有规律"的定性(或平滑)特征,即确定不了函数的凹性和凸性。通常的算法都是根据这些特征选择求解技术。同时,如果没有限制性的假定,即假定耗散和输出占吞吐量(T_i)的比例固定,甚至物质平衡约束也是非线性的。为了解决这些难题,Cheung 和 Goldman(Cheung,1985a,1985b)开发了一种逐步线性逼近的最优化算法。在求解的每个阶段,该算法都用广义的网络技术(Kennington 和 Helgason,1980)寻找"提高网络上升性的最低成本的流量"。

最优上升性算法的具体技术超出了本书的范围。目前最重要的是,在缺乏等级和环境约束时,针对一些大小和复杂性适中的网络,可以确定它们最"有效"的结构。根据最优结构与观察到的结构之间的差别,可以判断哪里存在网络增长的压力。相反,描述那些使系统不能达到局部最大上升性的等级和环境约束,是描述群落生态学中非常有意义的工作。上面描述的数值最优化程序也可以包含这些约束。

有技术可以最优化网络的上升性,这为进一步取得进展提供了契机。已有计划将增加的上升性作为一个选择标准来模拟演替过程。该计划从简单的网络开始模拟,在模拟过程中不时让系统受到随机扰动;同时允许系统以随机的方式引入新组分和很小的流量,并根据消亡概率(与吞吐量成反比)决定现有结点存在与否。在受环境事件影响的前提下,设定现有网络向局部上升性最大的方向演化。在模拟过程中,通过调整反映随机环境的参数,可以分析不同环境条件对"顶级"群落结构的影响。

逐步线性化技术也可用来最优化其他的网络属性,如系统总吞吐量(T)、网络冗余(R)或耗散(S)。因此,在相同的随机环境下,改变目标函数可以重复模拟网络的演替。实际上,最优化 T、R 和 S 就是根据 Lotka、E. P. Odum 和 Prigogine 各自提出的发展原理(见 6.11 节)进行模拟。通过比较这 4 个目标函数(包括上升性)生成的不同顶级群落的定性特征,应该可以提供一些依据来判断哪种原理能更充分地描述增长与发展(见 Fontaine,1981)。

7.8　其他应用——经济学和个体发生学

在整个论述过程中,只是偶尔提到了生态学外的自主发展。Odum(1977)认为生态学综合了经济学、社会学和政治学。经济学是不是生态学的一个分支的确还有待商榷(Daly,1968),但是这些学科都具有可以统一描述的增长与发展。正是这个共同特征使这些学科真正综合在一起。

遗憾的是,很少有研究人员能同时精通上述几个领域。经济学和个体发生学,我知之甚少。尽管不知深浅,但还是斗胆将自己的上升性放入了经济学和个体发生学中,不知它能否像在生态学中一样自由地游弋。在发展生态学家和经济学家眼里,下面的类比肯定比较肤浅,真诚希望方家能不吝赐教。

"经济学"和"生态学"有相同的词根,这表明创造了"生态学"这个词的人也许已经觉察到了两个领域共同的动力学特征。研究自然系统和人类系统相互作用的热情与日俱增,这加强了这两个领域的学术交流(如 Ayres 和 Kneese,1969;Isard 等,1972;Victor,1972)。最明显的交叉是发展了研究经济和自然领域之间各种交换的定量模型(如 Isard,1968;Odum,1971)。(撇开兴趣不谈,应该注意到很少有经济学家因受还原论的影响,从而藐视"宏观经济学",或藐视研究全球环境对微观经济动态的影响[见 Lange,1971]。)

正如第 3 章讨论的,由于引入了经济学的投入产出分析,越来越多的生态学家将生态系统看做过程网络。然而大部分生态学家没有认识到生态网络和经济网络之间有何区别。

首先,经济学中必须处理双向流,即商品流和相反的货币流(Odum,1971)。然而,货币流量网络并不与商品流量网络完全对应（Boulding，1982）。例如，微观经济中就没有和呼吸严格对应的部分。货币流量网络中的资产折旧、管理费、税收以及类似的"耗散"流不是可以类比成呼吸吗？粗略来看确实如此，但仔细想来却发现难以自圆其说。这样类比，由于与呼吸对应的组分是消费需求，说明消费者耗散的货币流成了许多公司的主要收入。对此，很多物理或生物学家都会不知所措。在货币流量网络中，可将投入分为资本和劳动力的增加值；但在物质流量网络中，没有相对应的部分。最后，只有部门间的相互支付（f_{ij} 或 g_{ij}）仍可以严格类比为部门间的物质转移。与能量和物质流量网络相比，货币流量网络看起来几乎是封闭的——虽然"耗散"流使货币流入了一些人的口袋。

第 3 章将能量流和物质流分为 4 类，但货币流不适合采用这样的分类。然而只要不混淆投入和产出重要的区别，如何划分投入和产出不会对关键变量（上升性、发展能力和杂项开支）的定性解释产生影响。

经济网络中每个结点的耗散是什么？从热力学的角度看这个问题无关紧要。热力学第二定律描述宏观层面的事件。尽管 Prigogine（1978）认为微观上也可能是不可逆的，但微观层面发生的事件也可能是可逆的。最后关键的一点是宏观上的杂项开支通常是非负的。这就是说，即使每个经济部门的核算精确，经济系统的全部发展能力也不能都通过大小和组织表现出来。存在非负的冗余说明宏观经济层面上的事件服从热力学第二定律。

通常将总产出或国民生产总值（GNP）作为最重要的衡量宏观经济行为的指标。然而，GNP 只是更综合的系统总吞吐量的一部分。系统总吞吐量经过上升性中的结构因子调整后，就可以详细解释现金流的来源和去向。此外，如何重建网络来最大化总体财富？经济上升性中的各个组分都可以提供一定的依据。因此，有充分的理由推荐使用现金流量网络的上升性作为衡量经济活力和效率的指标。

例 7.7

图 7.10 描述了一个简化的由 4 个公司组成的假想经济共同体。小室的外部投入分为两类，一类是购买的商品，一类是非物质服务组成的增加值。

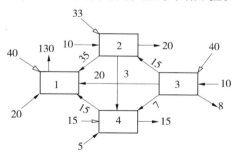

图 7.10　4 个假想公司之间的经济转移示意图，单位：百万美元/年。购买的商品用普通箭头表示；非物质服务投入（如劳动力、管理、利润、税收等）用前端为三角形的箭头表示。

公司 1 生产商品满足最终需求，或称为"最终消费途径"。公司 2 和 4 生产中间物品，或称为"生产途径"，公司 3 为其他 3 个公司提供非物质服务（如会计、法律等）。整个共同体的总产出为 173 百万美元/年，系统总吞吐量（或总生产量）为 441 百万美元/年。发展能力为 905.8 百万美元 比特／年,其中 42.5％ 为上升性。

　　研究上升性的组分可以得到一些有趣的结果。表 7.1 列出了各组分对上升性的贡献。

表 7.1　图 7.10 所示假想共同体中各组分对上升性(百万美元 比特／年)的贡献

	1	2	3	4	增加值	进口	最终需求	总供给
1	0	0	0	0	0	0	176	176
2	36.2	0	0	−1.2	0	0	−3.7	31.3
3	8.8	17.8	0	7.3	0	0	−10.4	23.6
4	11.4	0	0	0	0	0	5.3	16.7
增加值	3.4	32.0	58.5	11.8	0	0	0	106
进口	11.8	7.6	9.7	3.5	0	0	0	32.7
最终需求	0	0	0	0	0	0	0	0
总需求	71.6	57.5	68.2	21.4	0		167	385.4

　　表 7.1 中出现了 3 个负数,说明变化的压力集中在公司 2 购买公司 4 的商品,以及对公司 2 和 3 生产商品和服务的最终需求上。忽视隐藏的约束,提高经济体总上升性(量化总效率)的策略有以下 3 种:公司 2 将更多的商品出售给公司 1;公司 2 减少给公司 4 或外部系统供给商品;公司 3 减少给外部系统供给商品,只满足经济体内部的需求。当然,可能存在一些隐含的约束限制这些策略的可行性。例如,如果经济体输出和转换商品实质上不一样,就可能会使提出的策略不可行。可参见 7.4 节"隐藏的约束"。

　　可以从供给和需求两种角度解释每个公司对上升性的贡献(表 7.1 中的行和和列和)。例如,从供给的角度来看,公司 1 对总上升性的贡献为 176×10^6 百万美元 比特／年,为总上升性的 46％;从需求的角度来看,公司 1 对总上升性的贡献为 71.6×10^6 百万美元 比特／年,只有总上升性的 19％。每个公司的供求尽管都是平衡的,但供求的作用存在差别。正是由于供给和需求对经济的作用不一样,所以从供给和需求方面考虑的经济学家经常会对经济前景有不同的看法和主张。然而,总上升性关于供给和需求是对称的,即 $A(a;b) = A(b;a)$。因此,上升性是一种评估经济结构变化的无偏准则。

　　在转入下一个主题之前,举几个发展的经济上升性增加的实例,希望能帮助读者理解经济中的上升性。在美国发展的早期阶段,由于自然资源非常丰富,开采自然资源的人急剧增加(主要是外来移民)。那时的社会风气崇尚平等。大多数拓荒者是能自力更生的通才,主要从事农场经营,从事其他职业(如修补匠、理发师、士兵等)的人寥寥无几。个人田产迅速增加导致发展能力也迅速增加,但这时经济组分相对独立,相互之间的连接松散,所以发展能力很少表现为上升性。进一步的发展可以提高上升性占发展能力的比例。一方面是因为有限的空间和资源会减缓发展能力的增长速度;另一方面是工业化增加了系统的上升性。工业化提高了专业化程度,加强了经济部门之间的相互联系,这可以提高系统的上升性;同时增加的竞争和反馈可以通过合并、破产等方式来强化最有效的路径,与生态学中一样,这也可以提高系统的上升性。

在放任自主的经济中,增加上升性通常意味着垄断——效率最高者生存。然而,上升性或效率过高会影响系统对变化的适应性。实际上,系统组分之间一些小规模的平行路径为系统储备了一种适应变化的能力,因为它们可以缓和主导路径受到的影响。垄断、放任的经济倾向于在"高营养级"(上层社会的成员)中循环财富。自然系统中高营养级组分之间几乎不存在循环,这说明垄断放任的经济是不可持续的。为了应对这个问题,许多发达国家都采取了反托拉斯法或社会福利计划等调控措施。这些调控措施在短期内确实减慢了经济上升性增加的速度,但从长远的角度来看,由于采取这些调控措施有助于经济实现动态平衡,从而使系统在未来可能具有更高的上升性。

需要注意,缓和自然的经济和设计经济结构完全是两回事。中央计划经济刻意控制新生产中心的出现,但结果却弄巧成拙。中央计划经济最终形成的是简单的产业交换网络,这样简单的经济结构和孤立的自然群落一样脆弱。除此而外,中央计划经济还冒着一个更大的风险,控制价格和生产速率难免会忽视(通常是阻碍)那些增加经济网络上升性的反馈控制措施。自主确实难以计划!可行的方案是对微观经济层面上发生的偶然事件顺其自然,以便系统自然演化出有活力的反馈路径。

上面简短的论述谈不上标新立异,但它说明可以用本书提出的概念讨论经济过程。与博物学著作比起来,这样处理经济优势非常明显,因为它增加了经济决策的依据。

个体发生学是研究单个有机体发展的一门学科,它研究很多生态学和经济学中不研究或认为相对不重要的因素。个体发生具有明显的方向是个体发生学研究的一个重要因素。如果知道种子的来源,就可以在合理的范围内预测有机体发展的模式。这种发展模式有规律,而且有机体的最终形式和它们祖先非常相似,由此产生了基因这个抽象的概念。在确定染色体上的基因座和描述个体发育过程中起作用的分子机制上,过去50年取得了巨大的进展。

遗憾的是,这些发现让一些人得意忘形。现在基因决定论的拥趸很多,而且影响力也很大。在基因决定论者眼中,支持变分原理的生态学家都被当成目的论者或生机论者;分子机制无所不能,个体发育的力量可归因于分子;怎样造火箭,怎样写交响乐?最终都是由 DNA 决定的。有人认为核糖核酸(RNA)的作用不只是编译信息,还指引着有机体的发展方向,有时它们甚至可以表现出跟人一样自私自利的特征(Dawkin,1976)。然而,显型研究只是在 DNA 分子重组上原地踏步,很多有意识的高级生命形式都被当成是次要的附带现象。在很长一段时间里,主导的研究方向都是用分子(或低层次上的结构)来解释更高层次上的现象。

毫无疑问,基因对有机体的发展模式有显著的影响。然而,不考虑有机体跨几个世代产生的变化,单利用这个因果关系就能理解个体发育的过程吗?Weiss(1969)强有力地论证了分子机制的不充分性。当有机体组分增加时,有"一些明确的有序规则影响整个系统的动态"(斜体字由 Weiss 提出)。Waddingtion(1968)创造了一个新词"疏导效应"来表示这个未知的有序规则的影响。

具体而言,整个有机体如何引导自身的发展呢?Weiss(1969)用一个简明扼要的例子解开了这个谜团:"图 7.11 表示的是一种细胞的发展模式。其中图(a)是一个完整的细胞。假设细胞内部是同质的,在细胞的自由面上,细胞内部与周围介质的相互作用(如交换物质和能量)处于一种稳定的平衡状态。通过细胞分裂或集合增加细胞的数目,结果见图 7.11(b)。最初,图 7.11(b)中所有细胞可以分享自由面,因此它们的状态和以前一样。然而,当细胞的数量达到临界值时,突然会出现图 7.11(c)这样的新状态,细胞被分成两个不同的组。一个是与外围介质直接接触和交换的外层组;一个是与外围介质完全隔离,被细胞环绕的内层组。当遭遇急剧的环境变化时,内层细胞与外层细胞的响应(代谢)过程会不一样。先前的均质组分化为核心–外壳(内层–外层)……这种分化模式可以明确预测,但不能确定单个细胞的命运。因此,图 7.11 是在微观上不确定的情况下描述了宏观上的确定性。这里想阐明的不是组中成员早期的不确定性,而是想说明它们在整个动态结构中的位置决定了它们未来的命运。也就是说,只有从“整体”上才可以预测和理解它们的命运。”

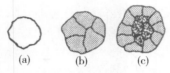

图 7.11　早期囊胚形成的示意图。(a)作为一个细胞单元开始生长。
(b)初次分裂使所有成员获得外部介质的机会均等。
(c)进一步分裂,一些细胞与外部环境完全隔绝,形成了内层细胞和外层细胞。

　　尽管 Weiss 没有阐述宏观组织原理,但囊胚的发展可以作为上升性增加的一个例子。未分化的细胞必须自给自足,自己完成所有的功能,例如将摄取食物、制造胞状结构和生产代谢物。细胞分化提高了细胞的专门化程度,从而增加了囊胚的上升性。细胞分化后,外层细胞在吸收和摄取食物方面更有效,而且生产代谢物消耗的能量更少。内部细胞主要的功能是合成代谢,并输送它们的一些产品给外层细胞。

　　与生态和经济发展一样,早期有机体的增长主要是增加系统总吞吐量和分室数目。接下来主要是依靠专门化增加有机体的上升性。大多数生命形式,尤其是更高级的门中有机体的发展能力最终会达到稳定状态。为什么会这样? 目前具体原因还不清楚,Elder(1979)指出这可能与增长和恢复能力之间的不协调有关。尽管 C 处于稳定状态,但是 A 可以通过消耗现有冗余 R 继续增加。(高等动物中枢神经系统的后期发展正是如此。例如,人类神经细胞的分裂,实际上在 3 岁就停止了。就在此时,一些神经细胞就已经与一些具体的神经轴突连接好,或“预先安排”连接好。然而,这时许多脑细胞与相邻的无数其他细胞有千丝万缕的联系,路径冗余很大,当然它的发展能力也很高。早期主要是随机的刺激穿越这复杂的迷宫。然而,经过重复刺激,神经系统中的有些路径会得到加强,有些路径会受到抑制。在学习的过程中,神经细胞之间的联系越来越清晰,这降低了系统的冗余,增加了上升性。)冗余减少有两方面的原因,一方面可能是支持了发展,另一方面可能是组分被偶然破坏(损伤),系统冗余减少,有机体失去了“适应变化的能力”。在面对干扰(经历衰老)时,系统会更加脆弱,最终可能会因一些偶然事件而死亡。

　　如果信息变量可以用来解释普通的增长与发展,那应该也可以用来解释病理。以癌症为例,发生癌症是指细胞突然退化到未分化的状态。癌症可以认为是正常发展过程的崩溃,也可以认为是整个有机体调节过程的崩溃。前已述及,如果不从整体现象来理解个体发育,那理解就是不完全的。就理解癌症的病理而言,由于目前主要关注的是亚细胞层次上发生的事件,所以需要从整个有机体调整的角度来改善理解。然而需要注意的是,癌症的病原与分子过程有关。如果为了理解癌症而致力于研究"全身治疗的药物",就有点矫枉过正。

7.9　小结

尽管热力学定律可以充分描述很大范围内的各种现象,但没有哪个现象原理可以完整地描述自然界。本书对系统自主结构的描述统一了热力学第一定律和第二定律。

扩展最优上升性原理在概念上没有什么问题,主要是技术问题。例如,可以将小室看做特定空间子区域内的某个分类单元,重新定义网络小室就可以考虑空间异质性。尽管重新划分空间可以使空间表达清晰,但会急剧增加网络的维度。由单一分类的空间单元组成,而且只考虑单一介质的运动、耗散,这是空间网络的一种极端情形。最优化这样系统的上升性,可以描述物理系统如气象风暴和银河星团的自主行为。

要在上升性中反映系统的动态行为,必须采用概率论和信息论中的概念,因为它们适合描述多维系统。为考虑系统的动态行为,在投入概率、产出概率的基础上增加了时间间隔作为事件发生联合概率的第3个自变量。在此基础上,很容易利用扩展的平均相互信息的计算公式计算系统随时间变化的上升性。据此,适应性理论和生态波谱分析的结果都表现为生命系统朝上升性增加的方向发展。

维度含糊阻碍了定义多种介质系统的上升性。如果明晰了介质之间如何转化,可以采用考虑时间维的方式,将上升性的概念扩展到包含多种介质;也就是说,将几种介质当做第3维度中的元素处理。采用这样的表述方式,一种介质流中的成本就成了对其他介质流有用的服务。

最小化上升性(信息)损失的归并与直觉的认识一致,因此上升性可以作为组织的一个特征指标。

增长与发展是很多学科中的一种普遍现象。这里主要是用生态学术语定义的上升性,但其他学科(如经济学)中的上升性定义,与这里的定义类似,只是换汤不换药。许多发展生物学家不相信整个有机体存在一定的自主调整,这与个体发生学发展的历史有关。然而可以肯定的是,绝对的还原论不足以充分描述个体发生学中的所有因果关系。

7.10　结语

在结束本书之前,还需要澄清一些与上升性有关的问题。许多人反对这个论题主要是因为它表面上充斥了目的论,也就是使用了很多神人同性论(使神仙、生物、非生物具有人的形状或特点)的术语。如果一个系统正在优化,也就是系统整体正在接近一个"目标",那么这会诱人寻找能确定目标、作出决定和实现变化的智能生物(Straskraba,1983)。确实如此,早期有研究人员甚至认为生态系统是"超级有机体"(Clements和Shelford,1939)。

最近常有人利用 Clements 的超级有机体来反对测量整个生态系统的属性（见 Simber-loff,1980）。Clements 选择了不恰当的术语，因为前缀"超级"可以指规模大也可以指神在背后操控。批评 Clements 的人喜欢采纳第二种含意，如此他们可用下面的三段论来讽刺 Clements 的逻辑。

鱼有眼睛。

人有眼睛。

因此，人是从鱼进化来的。

尽管一些鱼类学家相信人是从鱼进化来的，但很明显它不是根据前提推出的结论。然而，比较生理学家不会因此而放弃研究鱼的眼睛。对他们来说，更合适的结论是人和鱼都有从光中获取信息的器官。

同理，整个生态系统确实是在增长与发展，但这并不说明生态群落就是由单个有机体组成的组织状态。有机体和生态系统只是分享了增长和发展这种共同的属性，超级有机体与整个系统的属性之间不是简单的因果关系。因此，生态学家不可能因为有人嘲讽超级有机体就不考虑系统的属性。

神人同性论更是让个体发生学家焦头烂额，因为他们观察到发展的有机体的确表现出了有目的的行为。如果知道种子、胚胎是什么，当然可以非常准确地预知成熟有机体的形状（目标）。不利用目的论怎么解释有机体的发展，这是发展生物学家面对的一大难题。

这里提供的解释是个体发育是综合了自上而下和自下而上影响的结果。在很大程度上，物种的原形确定了有机体的最终形式（目标），但是接下来的每一步发展也要受整个有机体状态的影响。系统的整体影响就是指自主发展，并可用网络增加的上升性来量化。

这不是目的论的解释，分析生态与经济系统有助于理解这一点。生态和经济系统没有明显的物质模板和最终目标，但它们的增长与发展基本和生长的有机体表现出的行为相似。当然，在任一具体时间，可以认为生态系统正朝着一个具体目标（即最大化局部上升性的方向）发展。不过这个明显的目标是由系统过去和现在的状态决定的。在不久的将来发生的事件会强烈改变这个明显的目标。即使存在严格遵守确定性原理的自然系统，这些系统也不会朝明确的目标，不会按有规律的行为模式发展（Ulanowicz,1979）。

物理学家 John Wheeler 推广的室内游戏就是目标模糊的一个例子。主人邀请了几位客人参加晚宴，为活跃气氛，在饭前主人建议大家做一个猜谜游戏。首先任选一位宾客做猜谜者，他需要离开餐厅一会儿，然后回来猜测其余人选择的一个单词；猜谜者可以问任何问题，其余的人需要轮流回答"是"和"不是"，但答案需要前后一致，只有这样才能帮助猜谜者缩小答案范围。如此一直进行下去，直到猜谜者猜到答案为止。然而当猜谜者走出房间时，主人建议大家不要选择单词。换了种方式，对猜谜者提出的第一个问题第一个回答者任意答"是"或"不是"。接下来的问题答案只要在逻辑上不与前面问题的答案冲突，回答者也可随意回答"是"或"不是"。十几轮问题后，当猜谜者问："这个词语是_?"，一位宾客不得不回答"是"时，游戏结束。整个游戏过程中没有讨论，游戏结束后，宾客们个个高高兴兴坐下来享用美食。对猜谜者来说，他根本就没有怀疑游戏开始前是否选定了一个谜底（目标），唯一让他觉得有点神秘的是晚宴时为什么大家都那么开心。

Cohen(1976)描述了 Polya 皿和其他与 Wheeler 室内游戏相似的动态演化情景,它们的共同点是如果"游戏"重复,结果将截然不同。Wheeler 认为他的室内游戏与科学发展有很多相似之处,揭示的问题是科学发展是否真如大多数人认为的那样只有唯一的结构。

Wheeler 的室内游戏、Polar 的皿或其他相似程序都是用一系列不变的规则说明的。然而,每场"游戏"的过程和结果却是唯一的。变分原理的作用和这一系列规则的作用相似。给定系统的当前状态(通常是它过去状态的历史记录),变分法则就可以描述系统紧接着应该前进的方向。在系统向前发展的过程中,结构和外部影响均会改变。这时它已不再是原来的系统,继续利用变分法则寻找下一步前进的方向。如果系统达到了局部最优,也就是利用变分法则不会发生进一步的变化。然而,这样一次"游戏"过程和结果提供不了最优状态的分布情况。也许重复"实验"或"游戏"可以表明最优状态不是唯一的,它们可能是均匀分布,也可能是随机分布(Cohen,1976)。因此,非把变分法则等同于搜索预设目标或目的论是错误的。

众所周知生物圈的演化是一个单独的过程。除了发现几个地球外的生命,对演化目标存在与否,目前还没有科学结论。然而,这个形而上的问题如此引人注目,普通老百姓都喜欢品评一番,很多聪明人更是孜孜不倦地去探求它的答案。无论如何,每个人的观察结果都会受主观信念的影响。正因为如此,对自然现象的描述或论述,现象学家必须小心翼翼,不要动不动就"证明"或明确揭示了这个形而上学问题的答案。实际上,一个好的现象描述就是要以没有对错的心态来描绘自然事件。

提到这些认识论的观点,是因为评论家和作者的一些朋友认为最大化上升性原理"太抽象"或"虚无缥缈"。作者强调更大尺度事件的影响,反对采用绝对还原论的研究视角,许多人难以理解。从认识论的角度来看,评论家和朋友们的看法其实是一种偏见。

然而,不考虑自上而下的影响本身就有失偏颇。无论是谁,不管具有怎样的观念和信仰,也可以证实现象学对自然事件的定量描述结果。现象学在描述自上而下这样单向的因果关系时,很自然地就考虑了其他尺度的影响,显然采用的是一种不偏不倚的科学态度!对一些人来说,这种态度打开了潘多拉的魔盒。一旦承认因果关系可能自上而下,那它将止于何处呢?尽管自上而下地分析会遇到这样的问题,但在更低等级层次上也会遇到同样的问题。比如每天的新闻报道几乎都在播报发现了组成"原子"的新物质,而以前认为这些"原子"是不可分割的。

最后,最重要的是现象科学局限在可观察的范围内。虽然将来肯定有新方法可以扩大现象科学的研究范围,但具体会在什么时候,还无从知晓。除非热核灾难肆虐,也许可以有一个粗略的答案!

如果只讨论可以观察到的事物,那么最优上升性原理与许多哲学体系都是一致的。例如,生态学中现有的描述忽视了增加群落上升性的作用机理,4.2 节建议可以采用达尔文的选择机制来克服上述缺点。这里需要强调的是,即使是达尔文主义的批评者(Ho 和 Saunders,1979)提出的机制也增加上升性。荒诞主义者 Monod 强调偶然性对发展的作用(上升性建立的基础是概率论)。他考虑到宇宙瞬间就有无限多的可能状态,所以认为讨论明显的目标毫无意义。先验论者 Theilhard de Chardin 认为增加上升性类似于黑格尔从物质到精神的转变——天地万物都被它的终结点吸引。

　　然而,如果上升性不能帮助评价对立的哲学体系,那它有什么优点呢? 应该还记得现象科学的目标是描述而不是解释。世界本身就存在许多对立的哲学体系,对自然的可靠描述也是如此。上升性只是用定量的方式对一些可靠的描述进行了阐述,采用的方法是对过程结构赋值。采用上升性的方法可以定量地比较组织,而以前只能从主观上进行模糊的比较。现在用信息变量可以描绘经济或生态系统的演化过程,也可以测量和估计自然事件及人为变化对整个系统的影响。也许最重要的是,最优上升性原理可以将自然和社会领域中观察到的多样的、有时对立的趋势统一起来。如果这都不属于科学的范畴,那热力学是不是也不属于科学的范畴。上升性是对宇宙基本秩序的描述,怎么能刻意忽视它呢。

　　最大化上升性的思想还有另一个作用。近期在新学科"认知科学"的讨论会上,Brussel 自由大学的教授 Peter M. Allen 向与会者介绍了他对"人类健康"的研究。他主要论及了人在思考自身、人类及自然界时引起的精神紧张。现在,还原论科学确实改善了人类的物质条件,微生物学和分子生物学的巨大进展使许多人不再受疾病和饥饿的威胁。然而,采用还原论的研究方法研究自然界绝不会使人类自身的形象高大起来。如果所有的原因都源于分子及其以下的世界,那个人有什么意义呢? 是人在为达到一定的目标行动,还是一大群分子? 实际上,经典热力学认为物质和能量要么储存起来,要么用完,这对人类的发展没有任何鼓励作用。总之,大多数科学描述的宇宙都是死气沉沉的。

　　混沌无处不在。Laplace 的占卜天使在日常生活中就不灵,与此一样,人类的日常生活经验表明宇宙中也不只有混沌,还存在组织。混沌中的确有组织存在,而且经常能显现出来。当扩大观察范围时,在更高的分辨率下就会发现新组织的自主行为。在几周时间内,生态系统的变化深受群落 DNA 链的影响。然而在几千年内,生物群落的基因组成是由更大的环境和过去的生态系统结构共同塑造的。在几周或几月内,一个人可能因为烦恼而精神恍惚;但在一生中,头脑是真正改变世界的力量源泉。

　　最优上升性原理定量了与混沌相反(共存)的趋势,强调了人类对更小世界的直接影响,描述了生命体的增长与发展。

参 考 文 献

Abramson, N. 1963. Information Theory and Coding. McGraw – Hill, New York. 201p.

Aczel, J. and Z. Daroczy. 1975. On Measures of Information and Their Characterizations. Academic Press, New York. 234 p.

Allen, T. F. H. , and T. B. Starr. 1982. Hierarchy. University of Chicago Press, Chicago, 310p.

Amir, S. 1979. Economic interpretations of equilibrium concepts in ecological systems. J. Social. Biol. Struct. 2:293 – 314.

Amir, S. 1983. Ecosystem productivity and persistence: on the need for two complementary views in evaluating ecosystem functioning. Ecosystem Research Center Report ERC – 047, Cornell University, Ithaca, New York. 103 p.

Andresen, B. P. , P. Salamon, and R. S. Berry. 1977. Thermodynamics in finite time: extremals for imperfect heat engines. J. Chem. Phys. 66:1571 – 1577.

Atlan, H. 1974. On a formal definition of organization. J. theor. Biol. 45:295 – 304.

Augustinovics, M. 1970. Methods of international and intertemporal comparison of structure. In: A. P. Carter and A. Brody [eds.], Contributions to Input – Output Analysis, Vol. I, North Holland, Amsterdam. 345 p. , pp. 249 – 269.

Ayres, R. U. , and A. V. Kneese. 1969. Production, consumption and externalities. Am. Econ. Rev. 59 (3):282 – 287.

Bird, R. B. , W. E. Stewart, and E. N. Lightfoot. 1960. Transport Phenomena. John Wiley and Sons, New York. 780 p.

Boltzmann, L. 1872. Weitere Studien über das W? rmegleichgewicht ünter Gasmolekulen. Wien. Ber. 66: 275 – 370.

Bormann, F. H. , and G. E. Liken. 1979. Pattern and Process in a Forested Ecosystem. Springer – Verlag, New York. 253p.

Bosserman, R. W. 1981. Sensitivity techniques for examination of input – output flow analyses. In:W. J. Mitsch and J. M. Klopatek [eds.], Energy and Ecological Modelling, Elsevier, Amsterdam. 839 p. , pp. 653 – 660.

Boulding, K. E. 1978. Ecodynamics: A New Theory of Societal Evolution. Sage Publications, Beverly Hills, Califorlia. 368 p.

Boulding, K. E. 1982. The unimportance of energy. In: W. J. Mitsch, R. K. Ragade, R. W. Bosserman and J. A. Dillon, Jr. [eds.], Energetics and Systems, Ann Arbor Science, Ann Arbor,
Michigan, 132 p. , pp. 101 – 108.

Brillouin, L. 1956. Science and Information Theory. Academic Press, New York. 320 p.

Caratheodory, C. 1909. Untersuchungen über die Grundlagen der Thermodynamik. Math. Ann. 67:355 – 386.

Carnot, S. 1824. Reflections on the Motive Power of Heat (translated 1943). ASME, New York. 107 p.

Chapman,S. , and T. G. Cowling. 1961. The Mathematical Theory of Non – Uniform Gases. Cambridge University Press, London. 431 p.

Cheslak, E. F. , and V. A. Lamarra. 1981. The residence time of energy as a measure of ecological organization. In: W. J. Mitsch and R. W. Bosserman [eds.], Energy and Ecological Modelling, Elsevier, New York. 839 p. , pp. 591 – 600.

Cheung, A. K – T. 1985a. Network Optimization in Ecosystem Development. Doctoral Dissertation, Department of Mathematical Sciences, The Johns Hopkins University, Baltimore, Maryland. 163p.

Cheung, A. K – T. 1985b. ECONET: Algorithms for network optimization in ecosystem development analysis. Technical Report No. 423, Department of Mathematical Sciences, The Johns Hopkins University, Baltimore, Maryland. 63 p.

Clements, F. E. , and V. E. Shelford. 1939. Bio – ecology. John Wiley and Sons, New York. 425 p.

Cohen, J. E. 1976. Irreproducible results and the breeding of pigs. Bioscience 26:391 – 394.

Conrad, M. 1972. Statistical and hierarchical aspects of biological organization. In: C. H. Waddington [ed.], Towards a Theoretical Biology, Vol. 4, University Edinburgh Press, Edinburgh. 299 p. , pp. 189 – 220.

Conrad, M. 1983. Adaptability: The Significance of Variability from Molecule to Ecosystem. Plenum Press, New York. 383 p.

Corning, P. A. 1983. The Synergism Hypothesis: A Theory of Progressive Evolution. McGraw – Hill, New York. 492 p.

Costanza, R. , and C. Neill. 1984. Energy intensities, interdependence, and value in ecological systems: a linear programming approach. J. theor. Biol. 106: 41 – 57.

Daly, H. E. 1968. On economics as a life science. J. Political Econ. 76:392 – 405.

Dawkins, R. 1976. The Selfish Gene. Oxford University Press, New York. 224 p.

Eigen, M. 1971. Selforganization [sci] of matter and the evolution of biological macromolecules. Naturwiss 58: 465 – 523.

Elder, D. 1979. Why is regenerative capacity restricted in higher organisms? J. theor. Biol 81: 563 – 568.

Elsasser, W. M. 1981. Principles of a new biological theory: a summary. J. theory. Biol. 89:131 – 150.

Engelberg, J. and L. L. Boyarsky. 1979. The noncybernetic nature of ecosystems. Am. Nat. 114: 317 – 324.

Finn, J. T. 1976. Measures of ecosystem structure and function derived from analysis of flows. J. theor. Biol. 56:363 – 380.

Finn, J. T. 1980. Flow analysis of models of the Hubbard Brook ecosystem. Ecology 61: 562 – 571.

Fontaine, T. D. 1981. A self – designing model for testing hypotheses of ecosystem development. In : S. E. Jø rgensen [ed.], Progress in Ecological Engineering and Management by Mathematical Modelling, Elsevier, Amsterdam. 1014 p. , pp. 281 – 291.

Georgescu – Roegen, N. 1971. The Entropy Law and the Economic Process. Harvard University Press, Cambridge, Massachusetts. 457p.

Gladyshev, G. P. 1982. Classical thermodynamics, tandemism and biological evolution. J. theor. Biol. 94: 225 – 239.

Glansdorff, P. , and I. Prigogine. 1971. Thermodynamic Theory of Structure, Stability and Fluctuations. Wiley – Interscience, London. 306 p.

Gleason, H. A. 1926. The individualistic concept of the plant association. Bull. Torrey Bot. Club 53:1 – 20.

Goel, N. S. , S. C. Maitra, and E. W. Montroll. 1971. On the Volterra and Other Nonlinear Models of Interacting Populations. Academic Press, New York. 145 p.

Goldstein, H. 1950. Classical Mechanics. Addison – Wesley, Cambridge, Massachusetts. 399 p.

Halfon, E. A. 1979. Theoretical Systems Ecology. Academic Press, New York. 516 p.

Hannon, B. 1973. The structure of ecosystems. J. theor. Biol. 41:535 – 546.

Hannon, B. 1979. Total energy costs in ecosystems. J. theor. Biol. 80: 271 – 293.

Hawkins, D., and H. A. Simon. 1949. Note: some conditions of macroeconomic stability. Econometrica 17: 245 – 248.

Hill, J. IV, and R. G. Wiegert. 1980. Microcosms in ecological modeling. In: J. P. Giesy [ed.], Microcosms in Ecological Research. U. S. Department of Energy, Springfield, VA. 1110p., pp. 138 – 163.

Hippe, P. W. 1983. Environ analysis of linear compartmental systems: the dynamic, time – invariant case. Ecol. Modelling. 19:1 – 26.

Hirata, H., and R. E. Ulanowicz. 1984. Information theoretical analysis of ecological networks. Int. J. Systems Sci. 15:261 – 270.

Ho, M. W., and P. T. Saunders. 1979. Beyond Neo – Darwinism— an epigenetic approach to evolution. J. theor. Biol. 78:573 – 591.

Hutchinson, G. E. 1948. Circular causal systems in ecology. Ann. N. Y. Acad. Sci. 50:221 – 246.

Isard, W. 1968. Some notes on the linkage of ecologic and economics systems. In: J. B. Parr and W. Isard [eds.], Regional Science Association: Papers XXII. University of Illinois Press, Urbana – Champaign, IL. 220 P., PP. 85 – 96.

Isard, W., C. L. Choguill, J. Kissin, R. H. Seyfarth, and R. Tatlock. 1972. Ecologic – Economic Analysis for Regional Development. Free Press. New York. 270 p.

Jaynes, E. T. 1979. Where do we stand on maximum entropy? In: R. Levine and M. Tribus [eds.], The Maximum Entropy Formalism, MIT Press, Cambridge, Massachusetts. 498 p., pp. 15 – 118.

Johnson, L. 1981. The thermodynamic origin of ecosystems. Can. J. Fish. Aquat. Sci. 38:571 – 590.

Jørgensen, S. E., and H. Mejer. 1979. A holistic approach to ecological modelling. Ecol. Modelling 7: 169 – 189.

Jørgensen, S. E., and H. Mejer. 1981. Exergy as a key function in ecological Models. In: W. J. Mitsch and R. W. Bosserman [eds.], Energy and Ecological Modelling, Elsevier, New York, 839 p, pp. 587 – 590.

Katchalsky, A., and P. Curran. 1965. Non – Equilibrium Thermodynamics in Biophysics. Harvard University Press, Cambridge, Massachusetts. 248 p.

Kennington, J. L., and R. V. Helgason. 1980. Algorithms for Network Programming. John Wiley and Sons, New York. 291 p.

Kerner, E. H. 1957. A statistical mechanics of interacting biological species. Bull. Math. Biophys. 19:121 – 146.

Knuth, D. E. 1973. Fundamental Algorithms, Vol. 1. Addison – Wesley, Reading, Massachusetts. 228 p.

Kubat, L., and J. Zeman. 1975. Entropy and Information in Science and Philosophy. Elsevier, Amsterdam. 260 p.

Kullback, S. 1959. Information Theory and Statistics. Peter Smith, Gloucester, Massachusetts. 399 p.

Lange, O. 1963. Political Economy. Pergamon Press, New York. 355p.

Laplace, P. S. 1814. A philosophical Essay on Probabilities (translation by F. W. Truscott and F. L. Emory, 1951). Dover Publications, Inc., New York. 196 p.

Leontief, W. 1951. The Structure of the American Economy, 1919 – 1939, 2nd ed. Oxford University Press, New York. 257 p.

Leopold, L. B. , and W. B. Langbein. 1966. River meanders. Sci. Am. 214(6):60 – 70.

Levine, S. 1980. Several measures of trophic structure applicable to complex food webs. J. theor. Biol. 83: 195 – 207.

Lewin, R. 1984. Why is development so illogical? Science 224:1327 – 1329.

Lindeman, R. L. 1942. The trophic – dynamic aspect of ecology. Ecology 23:399 – 418.

Lorenz, E. N. 1963. Deterministic nonperiodic flow. J. Atoms. Sci. 20:130 – 141.

Lotka, A. J. 1922. Contribution to the energetics of evolution. Proc. Nat. Acad. Sci. 8:147 – 150.

Lurie, D. , and J. Wagensberg. 1979. Non – equilibrium thermodynamics and biological growth and development. J. theor. Biol. 78:241 – 250.

MacArthur, R. H. 1955. Fluctuations of animal populations and a measure of community stability. Ecology 36:533 – 536.

MacMahon, J. 1979. Ecosystems over time: Succession and other type of changes. In: R. Waring [ed.], Forests: Fresh Perspectives from Ecosystem Analysis. Oregon State University Press, Corvallis. 199 p. , pp. 27 – 58.

Margalef, R. 1968. Perspectives in Ecological Theory. University of Chicago Press, Chicago. 111 p.

Mateti, P. , and N. Deo. 1976. On algorithms for enumerating all the circuits of a graph. SIAM J. Comput. 5: 90 – 99.

May, R. M. 1973. Stability and Complexity in Model Ecosystems. Princeton University Press, Princeton, New Jersey. 235 p.

May, R. M. 1983. The structure of foodwebs. Nature 301:566 – 568.

Mayr, E. 1969. Principles of Systematic Zoology. McGraw – Hill. New York. 428 p.

McEliece, R. J. 1977. The Theory of Information and Coding. Addison – Wesley, Reading, Massachusetts. 302 p.

McGill, W. J. 1954. Multivariate information transmission. IRE Trans. Information Theory 4:93 – 111.

Odum, E. P. 1953. Fundamentals of Ecology. Saunders, Philadelphia. 384 p.

Odum, E. P. , and H. T. Odum. 1959. Fundamentals of Ecology, 2nd ed. Saunders, Philadelphia. 546p.

Odum, E. P. 1969. The strategy of ecosystem development. Science 164:262 – 270.

Odum, E. P. 1977. The emergence of ecology as a new integrative discipline. Science 195:1289 – 1293.

Odum, H. T. , and R. C. Pinkerton. 1955. Time's speed regulator: the optimum efficiency for maximum power output in physical and biological systems. Am. Scientist 43: 331 – 343.

Odum, H. T. 1971. Environment, Power and Society. John Wiley and Sons, New York. 331 p.

Onsager, L. 1931. Reciprocal relations in irreversible processes. Phys. Rev. 37:405 – 426.

Paltridge, G. W. 1975. Global dynamics and climate—a system of minimum entropy exchange. Qrt. J. R. Met. Soc. 101:475 – 484.

Patten, B. C. , R. W. Bosserman, J. T. Finn, and W. G. Cale. 1976. Propagation of cause in ecosystems. In: B. C. Patten [ed.], Systems Analysis and Simulation in Ecology, Vol. 4, Academic Press, New York. 593p. , pp. 457 – 479.

Patten, B. C, and E. P. Odum. 1981. The cybernetic nature of ecosystems. Am. Nat. 118:886 – 895.

Patten, B. C. 1982. On the quantitative dominance of indirect effects in ecosystems. Unpublished paper presented at the Third International Conference on State – of – the – Art in Ecological Modeling, Colorado State University, May 24 – 28, Fort Collins, Colorado.

Patten, B. C. 1985. Energy cycling in the ecosystem. Ecol. Modelling 28:1 – 71.

Pimm, S. L., and J. H. Lawton. 1977. Number of trophic levels in ecological communities. Nature 268: 329 – 331.

Pimm, S. L. 1982. Food Webs. Chapman and Hall, London. 219 p.

Platt, T. C., and K. Denman. 1975. Spectral analysis in ecology. Ann. Rev. Ecol. Syst. 6:189 – 210.

Powell, T. M., P. J. Richerson, T. M. Dillion, B. A. Agee, B. J. Dozier, D. A. Godden, and L. O. Myrup. 1975. Spatial scales of current speed and phytoplankton biomass fluctuations in Lake Tahoe. Science 189:1088 – 1090.

Preston, F. W. 1948. The commonness and rarity of species. Ecology 29:254 – 283.

Prigogine, I. 1945. Moderation et transformations irreversibles des systemes ouverts. Bull. Classe Sci. , Acad. Roy. Belg. 31:600 – 606.

Prigogine, I. 1947. Etude Thermodynamique des Phenomenes Irrversibles. Dunod, Paris. 143 p.

Prigogine, I. 1978. Time, structure and fluctuations. Science 201:777 – 785.

Prigogine, I. 1980. From Being to Becoming. W. H. Freeman, San Francisco. 272 p.

Prigogine, I. , and I. Stengers. 1984. Order out of chaos: Man's New Dialogue with Nature. Bantam, New York . 349p.

Read, R. C. , and R. E. Tarjan. 1975. Bounds on backtrack algorithms for listing cycles, paths, and spanning trees. Networks 5:237 – 252.

Richey, J. E. , R. C. Wissmar, A. H. Devol, G. E. Likens, J. S. Eaton, R. G. Wetzel, W. E. Odum, N. M. Johnson, O. L. Loucks, R. T. Prentki, and P. H. Rich. 1978. Carbon flow in four lake ecosystems: a structural approach. Science202:1183 – 1186.

Rutledge, R. W. , B. L. Basorre, and R. J. Mulholland. 1976. Ecological stability: an information theory viewpoint. J. Theor. Biol. 57:355 – 371.

Scott, D. 1965. The determination and use of thermodynamic data in ecology. Ecology 46:673 – 680.

Shannon, C. E. 1948. A mathematical theory of communication. Bell System Tech. J. 27:379 – 423.

Simberloff, D. 1980. A succession of paradigms in ecology: essentialism to materialism and probabilism. Synthese 43:3 – 39.

Smerage, G. 1976. Matter and energy flows in biological and ecological systems. J. theor. Biol. 57:203 – 223.

Steele, J. H. 1974. The Structure of Marine Ecosystems. Havard University Press, Cambridge, Massachusetts. 128 p.

Stent, G. 1981. Strength and weakness of the genetic approach to the development of the nervous system. Ann. Rev. Neurosci. 4:16 – 194.

Straskraba, M. 1983. Cybernetic formulation of control in ecosystems. Ecol. Modelling 18:85 – 98.

Tilly, L. J. 1968. The structure and dynamics of 锥泉. Ecol. Monographs 38:169 – 197.

Tisza, L. 1966. Generalized Thermodynamics. MIT Press, Cambridge, Massachusetts. 384 p.

Tribus, M. 1961. Thermostatics and thermodynamics. Van Nostrand, Princeton. 649 p.

Tribus, M. , and E. C. McIrvine. 1971. Energy and information. Sci. Am. 255(3):179 – 188.

Ulanowicz, R. E. 1972. Mass and energy flow in closed ecosystems. J. theor. Biol. 34:239 – 253.

Ulanowicz, R. E. 1979. Prediction chaos and ecological perspectives. In: E. A. Halfon [ed.], Theoretical Systems Ecology, Academic Press, New York. 516 p. , pp. 107 – 117.

Ulanowicz, R. E. , and W. M. Kemp. 1979. Toward canonical trophic aggregations. Am. Nat. 114:871 – 883.

Ulanowicz, R. E. 1980. An hypothesis on the development of natural communities. J. theor. Biol. 85:223 – 245.

Ulanowicz, R. E. 1983. Identifying the structure of cycling in ecosystems. Math. Biosci. 65:219 – 237.

Victor, P. A. 1972. Pollution: Economy and Environment. George Allen and Unwin, Ltd. , London. 247 p.

Waddington, C. H. 1968. Towards a Theoretical Biology, Vol. 1. Edinburgh University Press, Edinburgh. 234 p.

Webster, J. R. 1979. Hierarchical organization of ecosystems. In: E. A. Halfon [ed.], Theoretical Systems Ecology, Academic Press, New York. 516 p. , pp. 119 – 129.

Weiss, P. A. 1969. The living system: determinism stratified. In: A. Koestler and J. R. Smythies [eds.], Beyond Reductionism. MacMillan Co. , New York. 438 p. , pp. 3 – 55.

Westerhoff, H. V. , K. J. Hellingwerf, and K. VanDam. 1983. Thermodynamic efficiency of microbial growth is low but optimal for maximal growth rate. Proc. Nat. Acad. Sci. 80:305 – 309.

Wicken, J. S. 1984. Autocatalytic cycling and self – organization in the ecology of evolution. Nature and System 6:119 – 135.

Wiener, N. 1948. Cybernetics. MIT Press, Cambridge, Massachusetts. 212 p.

Wills, G. 1978. Inventing America. Doubleday, Garden City, New York. 398 p.

Wilson, E. O. 1975. Sociobiology. Harvard University Press, Cambridge, Massachusetts. 697 p.

Woodwell, G. M. , and Smith H. H. [eds.]. 1969. Diversity and Stability in Ecological Systems, Vol. 22, U. S. Brookhaven Symp. Biol. , New York. 264 p.

作者索引

主题索引

附录

国家"十一五"重点规划图书——当代生态经济译库

[1] 生态经济学:原理与应用。〔Daly H. E., Farley J. Ecological economics:principles and application. 2004. Island Press〕

[2] 景观模拟模型:空间显式的动态方法。〔Costanza R., Voinov A., Landscape simulation Modeling. 2004. Spring – Verlag〕

[3] 集成环境和经济核算.〔Integrated Environmental and Economic Accounting:An Operational Manual. 2000. United Nations〕

[4] 增长与发展:生态系统现象学。〔Growth and Development – Ecosystems Phenomenology. 2000. Spring – Verlag〕